他山之石

一流董事會
建設手冊

王小彬　著

商務印書館

序　言

　　很高興獲悉小彬寫的《他山之石：一流董事會建設手冊》一書將要付印出版。我與小彬在同一上市公司共事超過十年，她作為公司管理層要員，我作為獨立非執行董事，合作愉快。

　　小彬加入公司伊始，負責籌劃和實施公司在港交所掛牌上市。一晃近二十年，它已經迅速發展成為中國電力行業的一支生力軍，近些年大力發展可再生能源，積極探索新能源技術。在過去十多年的合作過程中，我體會到公司管治的不斷進步與發展，董事會及下屬各委員會的規章守則不斷更新，特別是公司 ESG 和可持續發展制度與體系從無到有，從十幾年前初始建立，到近些年屢屢獲得社會各界的表彰，包括在近九百家中國上市公司中，被國務院國有資產監督管理委員會評選為 ESG 最佳先鋒之一，不少成就都是在小彬領導下推進的。

　　作為一名獨立非執行董事，需要知道自己的職責和角色。一方面要了解公司的目標和理想，了解公司的營運和行業的發展，監察公司的表現與重大計劃實施，評估並防範重大風險等；一方面也要明白非執行董事的任務與職責，支持

公司發展，並就董事會決議作出獨立的判斷。

我和小彬共事多年，一直得到她的協助，明白她對公司管治的信念，並非只是口頭上的支持。她幫助董事們了解公司業務，不但提供資訊，並親自陪同董事們就地視察，講解業務。這些視察讓我體會到公司真正建立起獨特的文化，員工具有共同目標與歸屬感，而董事們也能夠發揮他們的作用，勤奮履職。

在這本書裏，小彬強調公司管治並非只是遵守上市規則，它是一種文化，是公司上下的一致目標，是制度和規則背後的思想與理念。她解釋了董事會在公司管治中的作用，講解了如何組建董事會，如何選聘優秀人才加入董事會，特別從女性的角度闡述了董事會多元化及女性董事的貢獻，闡述了董事的職責，特別是對非執行董事的要求，也講解了如何建立良好的董事會運作機制和良好的文化氛圍，如何開好董事會，開好股東大會，如何培訓新任董事，如何評估董事會和董事的表現，以及董事履職的風險，內容相當完整和詳盡。文筆簡潔，引述案例，就是一個行外人也很容易看懂。比起一些官方機構的簡介，引述繁瑣的條文，容易明白得多。我建議任何預備出任董事（無論是執行董事、非執行董事，還是獨立董事）及公司高管人員都必須一讀。

梁愛詩

2024 年 3 月 29 日

目　錄

引　言

近幾年國內外社會各界越來越關注企業在 ESG（Environment，Social and Governance），即環境 (E)、社會責任 (S) 與公司治理 (G) 方面的表現，認為良好的 ESG 表現可以助力企業實現長期可持續發展，具有良好 ESG 表現的企業會獲得資本市場的青睞，會為投資者創造更高的價值。許多企業，無論上市公司還是非上市公司都紛紛發佈 ESG 報告，有些企業稱之為可持續發展報告。市場上的投資者、分析師、評級機構等越來越注重收集和分析企業在 ESG 方面的表現，通過 ESG 表現分析哪些企業可以持續地進步和發展，是值得投資的目標。

在 ESG 三項裏面，E (環境) 排在了首位。應對氣候變化，特別是減排溫室氣體，是近幾年各行各業都需要面對的課題和挑戰，是全球關注的焦點。環境作為一個課題和一項責任，在過去二三十年一直受到社會的關注。比如，二三十年前，在銀行發放貸款，或金融機構為企業客戶籌備上市的過程中，銀行、保薦人、律師等專業機構在做盡職調查的時候，已經開始關注企業在環保方面的表現和面對的風險。近幾年，社會各界 (其中許多是企業重要的利益相關方) 都把

關注點放在了企業如何降低二氧化碳等溫室氣體的排放，如何應對氣候變化帶來的風險，如何在全球能源轉型中找到新的機遇。在評估企業 ESG 表現時，企業在 E 方面的表現顯得尤為重要。

在 ESG 三項裏面，S（社會責任），並非只是近幾年才興起的新課題。很多年前，社會各界已經開始關注企業對社會所作的貢獻、在當地社區的表現等，要求企業成為「良好的社會公民」「良好的企業公民」，指的就是企業在社會責任方面的表現，認為企業不能單求商業利益最大化，而不顧它對所在社會、社區及其他利益相關方的責任和影響。近些年，對企業在社會責任方面的要求進一步擴展到奉行良好的商業道德，追求種族與性別平等，對貪污腐敗「零容忍」，反對現代奴役制及各種侵犯人權的行為等。

在 ESG 三項裏面，G（公司治理）是一個相對新興的概念和課題，近些年越來越被社會各界所關注。甚麼是公司治理？如何判斷一個企業的治理是好還是壞？為甚麼市場如此關注企業的治理水準？在公司治理方面表現良好的企業是否更有機會在激烈的競爭中勝出？

公司治理是一個企業如何通過建立對應的體系，制定相應的規則、設定高效的程序、奉行恰當的理念來指揮和控制企業，並處理與之相關的各種內外部關係，以達到目標，取得成功的一系列方法論。董事會對企業決策和治理負最終責任。所以公司治理，簡單來說，就是董事會如何指導管理層去制定戰略、設定目標並完成目標的過程。

　　它的核心是一個企業的文化，而不是上市規則所規定的治理條文與守則。企業可以遵守上市規則、條文與守則字面的含義，但並不意味着企業的治理體系真正符合了正確的公司治理實踐。公司治理體系真正的核心，是企業所奉行的文化與理念，而不是應對上市規則的要求；企業只有真心實意地認同公司治理的原則和理念，才會真正踐行正確的、良好的公司治理。

　　所以 ESG 三項中 G（公司治理）是最關鍵的，應該被放在首位。公司治理決定了企業會制定甚麼樣的戰略，決定了企業的價值觀和文化，決定了企業可以吸引甚麼樣的人才和打造甚麼樣的員工隊伍，決定了企業能否有效地識別和應對風險，決定了企業是否具有高效的內部控制系統和強大的執行能力。同時，有了高效的治理體系，企業才能擁有正確的價值觀和良好的文化氛圍，才能有效地執行戰略，才能把應對氣候變化、降低溫室氣體排放融入企業的戰略，並採取切實有效的行動，才能真正有效地履行對社會、社區、員工隊伍、客戶和其他利益相關方的責任。公司治理就像一個人的大腦，決定了人的價值觀、理念和思維方式，在大腦的指揮下，人才會採取正確的行動，所以 G（公司治理）是 ESG 三項中最關鍵、最核心、最有決定性的一項。

　　E（環境）和 S（社會責任）往往有具體的項目和目標，而決定這些項目和目標的是企業的價值觀和戰略。一旦項目和目標明確了，決定其成敗的是執行能力。而決定執行能力的是一個企業的風險控制、企業文化、管理層和員工隊

伍等。而風險控制等一系列要素優良與否，都取決於公司的治理體系。企業的戰略、價值觀、文化建設、風險管理等都是由公司治理體系決定的。公司治理是制約企業成敗的最關鍵因素，所以在評判企業 ESG 表現時，市場和社會應該把 G（公司治理）放在首要位置，充分認識到公司治理的重要性，同時也充分認識到建設和完善公司治理體系的難度，公司治理是企業最難複製、最基礎，也是最重要的核心競爭力。

董事會需要自上而下地建設與推動公司治理體系，公司的最高層奠定了一個企業的基調，決定了企業的文化、價值觀和理念，也決定了企業的治理體系。

在公司治理方面，最受關注的是上市公司，因為它們的股東結構中包含了大量的公眾股東和機構投資者。上市公司日常治理體系的最高層是董事會。評判一個上市公司治理體系優良與否首先要看它是否擁有一個一流高效的董事會，代表股東履行它的職責，制定公司戰略，打造風險控制和內部控制系統，凝心聚力，團結、吸引和挽留優秀人才，並對股東負責，對其他利益相關方負責。

在公司治理實踐中，董事會的作用如此關鍵，提升公司治理首先應當致力於打造一個一流高效的董事會。那麼如何打造一個一流高效的董事會？辦法之一是觀察、學習、總結和借鑒最佳實踐，通過梳理優秀企業在公司治理方面有哪些做法和實踐值得學習和借鑒，希望能夠啟發更多的企業關注和提升公司治理水準。於是我萌生了一個想法，把所

看到的、所經歷的公司治理實踐做一個梳理，不談理論或少談理論，注重實踐、注重可操作性，同時把中西文化和公司治理實踐的差異也適當做一些比較，希望對廣大上市公司、及其董事會、企業高管、公司秘書或董事會秘書等具有參考價值和借鑒意義，希望可以助力提升中國企業的公司治理水準。

提升公司治理對中國企業具有重要意義。在 ESG（環境、社會責任和公司治理）方面，中國企業近些年取得了巨大進步。在 E（環境）方面，中國企業大刀闊斧推進新技術、新科技，在可再生能源建設與利用、電動車推廣、植樹造林、改善自然環境等多方面走在了世界前列。中國每年新增的可再生能源容量已連續多年遙遙領先世界上任何國家，電動車市場快速增長，市場規模已達到世界第一。中國已經連續超過十多年淨增森林面積為全球之最。在 S（社會責任）方面，中國完成了消除絕對貧困的艱巨任務，是人類歷史上前所未有的壯舉和奇跡，中國企業在助力國家消滅絕對貧困方面作出了很大貢獻。在推進鄉村振興方面，中國企業繼續發揮多方面的作用，將產業發展與鄉村振興相結合，將環境改善與產業發展相結合，作出了許多舉世無雙的業績。相對而言，在公司治理方面，中國企業還有較大的提升空間，整體治理水準與國際先進水準還有差距，一些公司治理實踐與理念對於許多企業，甚至包括許多上市公司而言，還較為生疏。持續提升公司治理是許多企業共同面對的課題。

各地的上市規則有所不同。貫徹公司治理的最佳實踐，

不是單靠解讀上市規則具體條文的文字，而是探索條文背後的理念和原則。因此本書儘量避免引用任何上市地點的具體上市規則或公司治理守則條文，也不會針對治理理論和上市規則具體要求，進行過多的論述。有關市場的上市規則和治理守則，廣大讀者隨時可以自行從多個渠道便利地獲得。

本書注重探索公司治理最佳實踐及其背後所奉行的理念和原則，希望成為上市公司管理層、公司秘書／董事會秘書及相關從業人員日常工作中的一份指導類手冊。本書共分為十一個章節。第一章説明公司治理的概念及董事會在公司治理中發揮的作用。第二章是關於組建董事會時需要考慮的一些基本要素，包括人數、董事任期及新任董事培訓等。第三章是關於選聘優秀人才加入董事會，特別指出應吸納新技能、新經驗以應對新的挑戰。第四章講述選聘董事時應注重董事會成員技能與背景多元化，以及如何評估董事已具備的技能。第五章主要關於董事職責，重點講述了對非執行董事的要求。第六章繼續講述董事職責，包括管理利益衝突，關注首席執行官及高管繼任計劃等，及對董事獨立性的判斷。第七章是關於公司兩個最核心的人物董事會主席與首席執行官，以及如何建立良好的治理模式。第八章講述董事會如何建立良好的工作機制。第九章講述董事會如何創造良好的文化氛圍。第十章講述了董事履職風險。第十一章是最後的總結。附錄包括了兩份問卷，如何評估董事技能及如何評估董事會表現，供讀者參考。希望本書對讀者具有借鑒意義。

本書通過許多具體案例，來說明上市公司可能遇到的一些困難或問題，希望通過案例解釋和闡述相關的論點。這些案例都是在多年實踐中通過許多不同的渠道獲得，有些案例則是綜合了多家企業的具體實踐。這些案例絕不是針對任何一家公司。由於上市公司可能面對許多共性的問題，所以如有雷同，純屬巧合。

不同市場對一些常用的稱謂有不同的表達方式，比如公司治理在香港也稱為公司管治。董事會的最高負責人，在香港被稱為董事會主席，在中國內地市場被稱為董事長。董事會，在香港也被稱為董事局。服務董事會，協助董事會主席安排董事會議，並作為董事會與管理層之間重要聯絡人的管理人員，在香港稱為公司秘書，在內地市場稱為董事會秘書，二者職能在有些方面很相似，有些方面則不同。公司秘書和董事會秘書在負責與董事會聯繫、服務董事會方面的職責是非常相似的。但也有不同之處，比如董事會秘書在內地市場通常還承擔投資者關係的職責，在香港，公司秘書更注重承擔合規性的角色。每間公司的具體情況不同，人員安排、內部職責劃分也不同，本書並不過多關注這些表述和角色在不同市場中的差異。特此說明。

本書能夠出版，我需要感謝商務印書館（香港）團隊的大力協助。衷心感謝總經理兼總編輯毛永波先生的鼓勵和指導，感謝時任副總經理兼副總編輯于克凌先生（現已升任三聯書店董事、總編輯兼副總經理）給予的指導，感謝責任編輯劉裸泓女士對此書提出的寶貴意見和辛勤付出。對商

務印書館（香港）團隊其他成員在編輯和排版過程中付出的辛勤努力，在此一併表示衷心感謝。

　　梁愛詩女士在百忙中抽出時間，為本書撰寫序文。我與梁愛詩前輩相識並共事超過十年，愛詩前輩優雅、睿智、為人謙和善良、備受社會各界尊敬，也是許多大型上市公司的獨立董事。她始終認真履職，秉持高尚的職業操守。她是我的偶像和榜樣。對愛詩前輩多年來給予我的鼓勵、關心、指導和支持，我表示最由衷的感激。

第一章

總論

　　過去很長一段時期，當人們評判一個企業成功與否，社會各界，從分析師、評級機構到公眾，從提供各種資本的金融機構到大型機構投資者，從媒體到散戶，大家最普遍、最常用的尺規是盈利。人們只關注企業的財務表現，盈利多寡是衡量一個企業成功與否的最重要甚至是唯一尺規。即使專業分析師花時間收集與分析上市公司大量的營運資料和數據，也是為了更準確地預測企業的盈利、判斷企業的財務表現。為此，分析師、評級機構、金融機構等長期發展並形成了一套完整的、對企業財務表現從各種維度進行評判的方法論和指標庫，可橫向、縱向地將企業與各類同行進行比較。

　　近年來，國內外監管機構、機構投資者、分析師、評級機構、大型金融機構，及非政府組織等，紛紛強調 ESG（Environment, Social and Governance）的重要性，日益關注企業在環境、社會責任和公司治理方面的表現。在評判一家企業的整體表現、實力和前景時，已不再單看一項盈利指標，而是需要將企業在環境、社會責任和公司治理方面的表現予以全面的衡量和評估，以判斷企業是否可以持續高質量發展。一些盈利表現非常強勁的大企業，不僅沒有受到社會

的推崇和尊重，反而遭遇了前所未有的壓力。

比如，世界上一些最大型的、最知名的石油、天然氣公司，由於規模龐大，業務遍及全球各地，一直是全球資本市場首屈一指的企業。近幾年，由於石油和天然氣價格高企，這些企業盈利表現非常強勁。但社會上許多利益相關方，包括媒體、非政府組織、公眾，甚至包括持有它們股份的各類機構投資者紛紛質疑它們在應對氣候變化、降低溫室氣體排放方面沒有拿出清晰的戰略、目標、路徑和時間表。這些利益相關方認為油氣巨頭們掌控了大量的各類財務和人力資源，是世界上實力最雄厚的一批企業，但它們對環境、能源轉型、控制地球溫度上升等方面所作的貢獻遠遠不夠，還在不停地發掘和利用化石燃料用以牟利。這些企業從化石燃料業務中賺的錢越多，可能社會越感到不滿。

因社會關注度越來越高，特別是監管要求越來越明確，各上市公司每年會發佈 ESG 報告（有些公司也稱為可持續發展報告）。如果翻看一些上市公司的 ESG 報告，關於 E（環境）方面的披露，每個企業所處的行業不同，在環境方面所投入的資金和資源、從事的項目和研究千差萬別，但通過每個企業列舉的行動、案例、資料等，讀者可以對企業在應對氣候變化方面所作的努力、投入的資本和精力，有一種直觀的感受。在 S（社會責任）方面，每個企業所處的行業和地區不同，所從事的社會公益、慈善等活動各不相同，通過企業列舉的行動、案例和資料，讀者可以對企業為當地社區、社會所作的貢獻有一些直觀的感受。

但在 G（公司治理）方面，許多上市公司在報告治理情況時，披露的內容和方法很雷同。不少公司根據上市規則和治理守則的要求，一一對應，確認合規。在資料方面一般都會列舉董事會成員組成，外部獨立董事人數和佔比、一年開過多少次會及會議出席率等。單看這些資訊，讀者很難對一個公司的治理水準作出判斷（不過如果一些上市公司董事會議出席率很低，單從這點上已經可以感知這些公司的治理風格）。大部分公司由於上市規則的規限，在公司治理方面披露的內容和資料都比較相似，比如外部獨立董事占比達到或超過三分之一，每年開會至少四次，每次會議董事出席率總體較高，雖然披露的內容和資料很相似，但這些公司的治理水準可能有天壤之別。在治理方面，很難單從一家公司在年報中列舉的資料和事實來判斷這家公司的治理水準。

一、「公司治理」的定義

在 E（環境）、S（社會責任）和 G（公司治理）這三項中，G 代表公司治理。公司治理，香港也稱為公司管治，英文為 Corporate Governance，是一個近些年相對新興的概念。一說到公司治理，大家可能馬上聯想到各種上市規則、企業管治守則、條例、條文等。然而真正的公司治理不是交易所或監管機構設定的守則與條文，也不是字面上對守則與條文的遵守，而是企業的文化，是企業的思想理念，是指導企業

的行為準則。上市公司可以在年報中信心滿滿地表示已經遵守了交易所關於公司治理的各項守則條文，但企業是否真正落實了良好的公司治理，還是僅僅做到了形式上的遵守？踐行良好的公司治理必須從根本上理解並認同相關守則條文背後的思想理念，遵從並落實條文背後所奉行的原則。

那麼大家是怎樣定義公司治理的？

香港董事學會指出：當今已有不少權威組織及人士為「公司治理」作出宏觀定義。參考了權威定義，為了協助理解及實踐，香港董事學會特別編訂《企業管治定義宣言》，所謂企業管治（又稱公司治理），是指董事會建立適當的程序和政策，以指引及監控公司的行為及表現，從而促進公司的持久成就[1]。

新加坡董事學會（Singapore Institute of Directors）指出：公司治理是指擁有恰當的人員、程序和架構，以指揮和管理公司的業務和事務，為股東創造長期價值，同時考慮其他利益相關方的利益。良好的公司治理原則包括問責、透明度和可持續發展。推崇良好公司治理的企業更有可能令投資者產生信心，助力企業獲得長期可持續發展[2]。

中國國務院國有資產管理監督委員會，在其旗下刊物發表的專題文章中給出了關於公司治理的定義：公司治理是指通過一套包括正式或非正式的、內部或外部的制度或

機制來協調公司與所有利益相關者之間的利益關係，以保證公司決策的科學化，從而最終維護公司各方面利益的一種制度安排。更簡明的，公司治理就是保證利益相關者權益的一整套制度安排。[1]

二、董事會在「公司治理」中的作用

制定企業目標、監督管理層實現目標、防範風險、處理與各利益相關方的關係等，這些都是公司董事會的職責，可見董事會在整個公司治理體系中承擔重要角色。因此可以說公司治理是董事會如何指導管理層去制定戰略，設定目標並完成目標的過程。這個過程涉及企業管理的方方面面及各種利益相關方。治理體系建設需要自上而下地謀劃和推動，從這個角度也可以看出董事會在公司治理體系中扮演的重要角色。

董事會在公司治理體系中起到了關鍵作用。那麼如何打造一流與高效的董事會？一流與高效的董事會又是如何領導企業獲得成功？公司治理到底有多重要？為甚麼投資者高度重視企業在治理方面的表現？在公司治理方面表現較好的企業，是否更有機會在激烈的商業競爭中勝出？如何

1　節錄自《國資報告》雜誌：【論道】公司治理的七個基本原理，發佈時間 2021 年 6 月 16 日

落實良好的公司治理實踐？上市公司經營結果的好壞、在合規性方面的表現等應該由誰來負責？

答案是：董事會對決策和治理負最終責任。董事會對公司管理、經營和治理負有領導和監督職責，負責制定公司的戰略方向，並對公司的戰略規劃、業務運營和經營業績負最終責任。

董事會都有哪些職責？雖然上市公司所處的行業和從事的業務各不相同，但上市公司董事會的職責具有一定的共性，通常擔負的職責包括：

• 負責批准公司戰略，確保戰略方向與公司價值觀相一致，保障股東權益，為股東創造價值；

• 批准公司的價值觀；

• 引領並持續關注公司的企業文化，以身作則，奠定公司的文化基調；

• 設立經營與管理目標並監督目標的實現；批准企業的重大政策並監督政策的實施；

• 負責聘任和罷免首席執行官；

• 監督風險管理體系的建立、實施和運作，確保內部控制與報告程序及風險管控體系全面、有效及符合法律法規和商業道德；

• 確保管理層有效地履行職責，持續監督管理層政策和決定的有效性；

• 除保障股東權益外，董事會對客戶、員工、供應商

和業務經營地所在社區均負有相應的責任；

‧ 確保公司建立良好的治理結構，落實恰當的控制程序，保持良好的公司治理水準；

‧ 誠實、公正、勤奮地履行職責；

‧ 監督公司業務所涉及的安全、健康及環境事項；

‧ 建立及鞏固對貪污腐敗「零容忍」的文化；

‧ 確保公司遵守法律法規；

‧ 避免利益衝突並恰當地管理利益衝突；

‧ 促使公司成為優秀企業公民；

‧ 贏得並保持社會、社區對公司的尊重。

上述列舉的董事會職責具有普遍性，幾乎對每家上市公司都適用。董事會職責還有許多內容，需要根據每間公司的業務和治理方式而設定，每間公司具有特殊性，不同公司之間會有差異。比如：哪些事項需要提交董事會審核，單這一點上公司之間差異就會很大，沒有固定範本，只能說原則上通常重大投併購事項、重大資本支出、重大對外融資，特別是涉及股本融資的事項、公司正常業務範圍之外的投資等需交由董事會審批。至於何為「重大」，每間公司的業務性質、規模等決定了它的定義和內涵。

每間上市公司應制定一份《董事會章程》，明確列出公司董事會的職責和權力範圍。除上述列舉的具有普遍性的職責外，《董事會章程》還應列出哪些事項由董事會負責審批，未在董事會職權範圍內列明的事項，交由管理層負責日

常決策。董事會需定期（例如每年）審視《董事會章程》的內容，根據業務發展，如有需要，更新和修訂董事會的職權範圍。《董事會章程》的內容需要獲得董事會的批准，同時管理層也需要清楚地了解，特別是哪些事項需要上報董事會審批，哪些事項屬於管理層正常決策範圍，以便在日常工作中遵照執行。

董事會對決策和公司治理負有最終責任，對公司的經營結果和合規性負有最終責任。董事會是一個集體，在問責方面，也是集體需要對市場、對法律、對監管機構負責任。這點在公司遭遇挫折、失敗、失誤等負面事件時，體現得最為直接。比如，當上市公司違反上市規則，交易所通常是向上市公司全體董事會成員發出書面提醒或警告函。當上市公司面臨股東發起的訴訟時，通常有關負面事件發生時公司董事會成員和上市公司一起成為被告。當上市公司在證券交易、資訊披露等方面出現了違反上市規則、法律法規的事件時，監管機構追責的目標，首當其衝就是董事會成員。

案例 1：監管機構唯董事會是問

香港上市規則明確規定：董事會承擔上市公司決策和企業管治的最終責任。當上市公司出現違反上市規則的情形時，無論具體失誤或違規出現在哪個環節、具體經辦是由管理層或員工隊伍裏哪一個層級負責，監管機構追責目標都是針對上市公

司董事會。比如在以下案例中，A公司違反了上市規則關於關聯交易識別、批准和披露的相關規定。

A公司上市後，執行董事、公司秘書高度重視上市公司合規性，領導公司總部相關部門制定並頒佈了關聯交易識別與報告的內控制度，要求總部和下屬子公司在日常運營中及時識別並上報關聯交易，交由總部批准，並由總部人員根據交易所上市規則的規定，判斷和界定是否需要履行相應的董事會審批和對外披露程序。相關制度將關聯交易識別與報告的職責主要交付給總部和子公司財務職能的負責人。制度頒佈後，總部組織下屬企業相關人員參加了培訓。

下屬子公司在日常業務運作中沒有全面落實相關制度。子公司負責經營的管理人員簽訂合同，購買了關聯人士提供的產品和服務，但沒有通知子公司財務人員。子公司財務人員在合約簽署後，才發現已經產生了關聯交易。由於涉及的關聯交易金額超過了上市規則規定的須予披露的臨界點，公司違反了上市條例。

A公司總部知悉後主動聯繫了交易所監管團隊，報告了上述情形。在審視具體情節後，交易所向上市公司發出了書面警告信，抄送上市公司全體董事。信中明確指出，上市公司已違反了上市規則，董事會有責任建立相應的內部控制體系，以確保遵守上市規則。

在這個案例中，子公司未能妥善落實相關的內控制度，未能在子公司層面及時識別與上報關聯交易。但董事會有責任建立適當的內部控制程序以確保上市公司（包括旗下所有子公司）

妥善履行和遵守上市規則，對上市公司的經營結果和合規性負有最終責任。在上述案例中，下屬子公司的失誤反映出董事會還未能建立全面、有效的內控程序，未能建立起完善的關聯交易識別和報告體系，未能監督管理層落實恰當的內部控制程序，未能向所有相關人士提供培訓，所以董事會負有責任。

第二章

組建董事會

董事會在公司治理中的作用如此重要，那麼上市公司應當如何組建一個高效的董事會？董事會人數多少為合適？需要規定董事任期嗎？董事任期應該多長？新董事上任前需要注意哪些事項，做好哪些準備？

一、董事會人數

首先，董事會成員人數多少為合適？不同國家和地區的法律法規、監管條例對董事會人數作出了不同的規限，有些規定了最低人數，有些規定了人數範圍。在滿足法律法規和上市條例基本要求的前提下，上市公司董事會人數通常由上市公司自行決定。

首先上市公司董事會人數需符合公司章程的規定。公司成立時，需要起草一份公司章程，裏面規定了董事會人數最低和最高限額。很多公司在起草公司章程時，對董事會最低人數、最高人數的規定沒有太過重視，認為它們只是理論值，並不那麼重要。章程的起草者（往往是公司的內外部律師）通常會將這個範圍設定得比較寬泛，目的是給公司留

有足夠的靈活性，給日後操作留出充足的空間。即使公司業務發展到一定規模，開始籌備上市，組建擬上市公司董事會時，管理層依然很少會去專門關注公司章程中董事會人數上限的規定，認為它只是一個理論值，並不那麼重要。

但在某些情況下，對某些公司而言，董事會人數上限就不單純是一個理論值，而是會給公司治理帶來真正影響的重要因素。比如，當上市公司可能面臨敵意收購，或其他利益相關方可能對董事會成員發起挑戰時，收購方或挑戰方通常採用的手段之一就是提名董事進入董事會，增加對上市公司的控制力。當收購方或挑戰方手裏已經累積了一定比例的股份，他們可以根據上市公司在網站上公佈的股東提名候選董事的程序，提名董事候選人，交給股東大會表決，這時董事會人數上限會變得非常重要。

以下就是其中一個案例。

案例 2：董事會人數已達到公司章程規定的額度上限

由於歷史擴張等原因，上市公司 B 的股權結構較為分散，單一最大股東持股比例不超過 15%。B 公司所在的行業正處於週期低谷，公司股價處於歷史低位。

C 公司認為這是一個極好的併購機會，趁股價低迷，不斷收集和增持 B 公司股份，累計獲取的股份已經超過 15%，而且 C 公司還在進一步增持，力爭獲取對 B 公司的實際控制權。而

為了獲取對 B 公司的實際控制權，第一步就是要取得對 B 公司董事會的實際控制力，C 公司希望提名新的董事加入董事會。

與此同時，B 公司現有的第一大股東 H 已經洞察了可能出現的情形。H 首先根據公司章程確認董事會人數上限，並按照上限規定，任命了新的獨立非執行董事，這些董事將根據公司法和上市規則行事，根據公司最佳利益行事，不聽命於任何一方股東。

由於上市公司董事會人數已經達到公司章程規定的上限，C 公司根據提名程序提議新董事候選人會變得比較困難。由於董事會沒有人數空缺，C 公司首先需要拿出足夠的理由罷免現有的董事，並拿出充足的理由，說服機構投資者等其他股東接受由它提名的董事候選人，證明這些候選人在資質、經歷和能力方面比現有的董事會成員更勝一籌，這樣 C 公司才能獲得足夠的支持，才能成功將這些候選人推舉進入董事會。但這是非常困難的事情。

假如上市公司董事會人數還未達到公司章程規定的上限，董事會還有法定的餘地增加新董事，那麼 C 公司可以根據上市公司提名候選董事的程序，提出新董事候選人，交由股東大會表決。一旦 C 公司提名的董事成功進入董事會，這無疑會增加 C 公司對 B 公司的控制力和影響力，尤其當 C 公司提名的董事明確認為自己是 C 公司的利益代言人。

在公司章程規定的人數範圍內，上市公司需要決定董事會具體人數。一方面，上市公司需要確保董事會人數的設定可以保障公司從不同董事身上獲取適當的、不同的、

多元的技能和經驗，其中外部獨立董事占比應達到上市規則規定的底線。另一方面，需要平衡董事會運作效率，讓董事們在會議上有充分表達意見的機會。上市公司業務規模及複雜程度對董事會人數配置也有直接影響。規模較小或業務性質相對簡單的企業，董事會人數相對會較少，而規模較大、業務複雜的上市公司董事會人數相對會多一些。一般來說，業務規模較小的上市公司董事會人數約6—8人，不超過10人；業務規模較大的上市公司董事會人數通常為10—12人，不超過14人。

董事會人數應當適中，不是越多越好。根據法律法規和上市規則的規定，董事會成員應認真、勤奮地履行職責。按時出席會議、審閱董事會材料、就相關議題參與討論、發表意見等，是董事履職的最基本方式。除了每年固定次數的董事會議，上市公司很可能還需要根據業務發展情況或突發事件，安排臨時會議。從實際運作角度考慮，上市公司在決定董事會人數時需平衡以下因素：

• 董事會應允許每個董事就決策事項充分發表意見，如果董事人數過多，董事就相關議題發表意見的機會有限，一些董事可能無法獲得發言機會，或者會議時間必須拉長，影響開會效率。

• 非執行董事，尤其獨立非執行董事占比需要至少達到上市規則規定的底線。董事會大部分成員應為非執行董事。

• 會議安排需要協調董事會成員的時間，如果董事會

成員人數過多，公司秘書或董事會秘書協調各位董事時間表安排全體成員開會的難度增大。

· 董事會人數影響公司成本，有些公司除董事報酬外，還需要支付董事開會的各種差旅費用。一些西方公司董事會薪酬總額（不包括執行董事，他們作為公司高管，薪酬需要單獨在年報中列報）需獲得股東大會批准，一旦批准，未經股東大會重新審批，實際發放的董事酬金不得突破股東大會批准的上限。

下表列舉了部分上市公司董事會成員人數。在所列舉的公司中，除了世界上最大型的金融機構外，大部分公司，包括許多頗具規模的大型上市公司的董事會人數沒有超過 10 人。

圖表 1：部分企業董事會人數

企業名稱	董事會人數	董事會成員組成		
		執行董事	非執行董事	獨立非執行董事
中國移動有限公司	7	3	-	4
中國工商銀行股份有限公司	12	2	5	5
中國人壽保險股份有限公司	8	2	2	4
中國石油化工股份有限公司	9	3	2	4
百勝中國	10	1	-	9
騰訊控股有限公司	8	1	2	5

企業名稱	董事會人數	董事會成員組成		
		執行董事	非執行董事	獨立非執行董事
美團	7	2	1	4
阿里巴巴集團控股有限公司	10	4	-	6
比亞迪股份有限公司	6	1	2	3
信義玻璃控股有限公司	12	4	4	4
滙豐控股有限公司	15	2	1	12
恒生銀行有限公司	11	2	2	7

（來源：相關公司的年報和網站，截止日期為 2024 年 2 月 2 日）

二、董事任期

在組建董事會時，上市公司應該考慮並需要決定董事的任期嗎？董事任期應該多長呢？在過去很長時間裏，一些市場的監管機構、交易所並未對獨立董事任期作出明確的規定，很多上市公司在董事會章程中也沒有對外部獨立董事的任期作出任何規定，很多（甚至可以説絕大多數）上市公司在治理方面沒有對董事繼任計劃提前作出安排，這樣導致相當一批上市公司的外部獨立董事任期很長，有的獨立董事一做就是二三十年，有的甚至長達四十年。

近年來，監管機構、交易所、大型機構投資者，及投票

顧問機構[1]開始關注外部獨立董事的任期，上市規則對外部獨立董事任期作出了較為明確的規定。這些變化的主要原因是市場擔心一旦獨立非執行董事任期過長，由於長期在上市公司任職，有可能和管理層及主要股東變得過於熟悉，甚至「打成一片」，這樣有可能喪失其獨立性，而上市規則和良好的公司治理要求他們必須保持「獨立性」。

如果獨立董事任期很長，是否意味着他們必然會喪失獨立性？

從邏輯上講，兩者沒有必然聯繫，對董事獨立性的判斷要基於實質而不是表象。董事的獨立性需要根據多方面的事實來判斷，很難單憑一個數字（比如任期）來界定。舉一個例子，以下兩種情形都可能出現在真實的世界裏：獨立董事 A 已出任上市公司獨立董事超過 12 年，但 A 依然保持了清晰的獨立性，能夠對管理層的提議進行獨立的判斷。而另一邊，一位新任命的獨立董事 B 雖然剛剛上任，但 B 是控股股東或公司實際控制人、管理者的親密、可信賴的朋友，個人交往關係非常深厚，這種情況下，儘管 B 的任期年限完全沒有問題，但很可能該名獨立非執行董事根本不會對控

1　由於許多機構投資者持有大量不同上市公司的股份，他們內部沒有足夠的資源可以分析每間持股公司在股東大會或特別股東大會上提交股東表決的事項，於是有些公司專門分析各上市公司提交股東大會表決的事項，從公司治理和維護股東利益的角度，為機構投資者提供建議，應該如何對上市公司股東大會每項議案作出表決，是投「支持」票還是投「反對」票。有些機構投資者直接根據投票顧問機構的建議行使投票權，有些機構投資者會將投票顧問機構的建議作為參考，自行根據分析結果決定投票方案。

制人所做的決策從「獨立思維」的角度予以分析，更談不上挑戰和質疑。

不過上市規則及上市公司董事會章程確實有必要對董事任期作出規定，否則從過往歷史情況看，許多上市公司在董事任期方面完全沒有明確的政策或紀律約束，導致許多上市公司似乎採取了「一勞永逸」的做法，既沒有認真討論董事繼任計劃，也沒有明確分析上市公司所需的技能和經驗，也沒有就董事會整體及董事個人表現作出評估。上市公司與獨立董事已經相知相熟，大家「相處愉快、合作愉快」，也就無需再從董事繼任計劃、補充所需技能的角度，規定並認真執行董事任期，結果導致許多上市公司出現獨立董事履職年期超長。

根據畢馬威中國於 2022 年前發佈的一份報告，當時有近三分之一的香港上市公司存在獨立董事連任多年的情況，約 150 家上市公司（占比 5.9%）所有獨立董事任期都超過了九年 。如果獨立董事已經和上市公司共事多年，而上市公司也沒有任何計劃作出人選的更迭，投資者（特別是關注公司治理的大型機構投資者）擔心這有可能是因為獨立董事「沒有找過甚麼麻煩」，「非常配合上市公司」，獨立董事有可能沒有對管理層實施有效的監督、質疑和挑戰。

境內和香港的上市規則已經對獨立董事的任期作出了明確的規定，其中香港上市規則規定如果獨立董事任期超出一定年限後，上市公司需要解釋為甚麼該名董事仍然應該被視為「具有獨立性」，而投票顧問機構及機構投資者也會對

那些任期超長的獨立董事表示特別的關注。為獨立董事任期設定上限可以促使上市公司將董事繼任問題擺上日程，並逐漸形成董事會人選更迭的機制。

另一個需要考慮的角度是，近些年市場變化發展非常迅速，新技術、新科技、新商業模式不斷湧現，也出現了許多新的風險（如網路安全、個人資料隱私、地緣政治等），對上市公司而言都是新的課題。上市公司需要持續關注有哪些新的技能和經驗對促進企業成功是至關重要的，需要在這些新興領域獲取新的技能和經驗，並確保董事會技能和經驗不斷與時俱進、迭代更新。從這個角度，上市公司也應該遵從一定的紀律約束，定期審視董事會成員的技能與經驗組合，積極探索和獲取新的專業技能和市場經驗，更好地為上市公司服務。

那麼獨立董事的任期應該多長算比較合適？

不同市場的上市規則對獨立董事任期作出的規定有所不同。總體而言，獨立董事任期既不能太長，也不能太短。如果任期太長，雖然不一定會令獨立董事必然喪失獨立性，但監管機構、機構投資者、投票顧問機構及其他利益相關方會擔心他們是否仍然具有真正的獨立性，是否還能維持獨立思維，是否仍有能力切實為投資者把關。

但另一方面，熟悉一個行業、熟悉一個企業需要時間，獨立董事需要時間去了解和熟悉公司業務，需要更長的時間去了解一個企業更為深層的元素，如企業文化。與管理層建立互信、了解公司人才梯隊，包括管理層潛在繼任人等，都

需要時間。如果獨立董事任期太短，他們還沒有足夠的時間去熟悉公司的業務運作，或者他們剛剛熟悉情況，也到了將要離職的時限，這對企業也不是最有利的安排。隨着時間的流逝和人員的更迭，許多寶貴的歷史記憶會被遺忘。在董事會決策重大事項時，如果能夠了解企業過往的歷史、企業過往的成功與失敗、了解歷史遺留問題的原委，對董事會作出正確的判斷和決策是很有幫助的。頻繁更換董事會成員也會造成上市公司管理人員需不斷耗費精力，重新培訓董事，幫助他們熟悉公司業務。

香港上市規則規定：如果獨立非執行董事在任已超過 9 年，該名董事是否應該繼續連任應以獨立決議案形式交由股東大會審議通過。這點對於一些股權結構較為分散的公司而言，具有一定約束性。

由於缺乏單一控股股東，要使議案獲得大多數股東的批准，必須獲取機構投資者和投票顧問機構的認可，因此這些上市公司必須採取一些行動，要麼安排新的獨立董事，及時完成董事會人員的替換和繼任；要麼上市公司需要向大型機構投資者和投票顧問機構解釋，為甚麼該名獨立董事在 9 年任期後繼續連任，才是對公司最有利的安排。

國外一些市場，投票顧問機構最多可以接受獨立董事任期不超過 12 年。為獲取足夠的投票支持率，一些西方公司的董事會主席（通常為非執行董事），會在股東大會召開前提前專門抽出時間，和投票顧問機構及部分大型機構投資者就股東大會的表決事項進行溝通。溝通事項包括解答投

資者和投票顧問機構的疑慮，如對董事獨立性的判斷、獨立董事任期，及董事是否能夠切實保障對上市公司事務投入足夠的時間和精力等，確保當議題正式提交股東大會表決時，可以獲得大多數股東的支持。

如果董事任期過長且上市公司沒有能夠提供合理的理由，投票顧問機構可能會對該名董事繼續連任給出反對意見，投資者可能會聽從投票顧問機構的建議，在股東大會上投反對票。因此，上市公司不得不重視董事繼任計劃。

不過，對於許多具有控股股東的上市公司而言，上市規則關於董事任期的規定，並不一定具有實質性制約作用，因為控股股東掌握了超過半數以上投票表決權，只要控股股東投票表示贊成，該名獨立董事就肯定可以繼續連任。

上市公司應該對獨立董事任期在董事會章程中作出明確的規定。內地上市規則明確規定獨立董事任期不超過 6 年。國際上通常接受的慣例是獨立董事任期為 9 年，最多不超過 12 年。如果超過 12 年，投票顧問機構和機構投資者對該名獨立董事繼續連任投反對票的概率會大幅上升。對於任期已經超過 9 年但還未達到 12 年的獨立董事，根據董事的技能、聲譽等具體情況，大部分投票顧問機構和機構投資者通常還是可以接受，會在股東大會上投贊成票。

在獨立董事任期年限方面，有些境外大型上市公司採用了「6+3」模式。獨立董事對公司業務的知識和理解需要通過一定時間的積累，「6+3」模式可以確保正常情況下，獨立董事任期不低於 6 年，6 年之後董事會將對董事的表現進

行評估，決定獨立董事是否繼續延長任期至 9 年，這樣可以確保獨立董事認真履職，同時也要求董事會對董事表現作出正式評估。

上市公司對獨立非執行董事任期作出明確的規定，便於公司對獨立董事的繼任提早作出安排。有了明確的任期年限規定，上市公司可以排出董事任期表，知道哪一年有哪個董事或哪幾個董事需要離任，並據此提早安排物色、篩選合適的候選人。董事繼任計劃應確保董事更迭呈現有序的梯隊安排，避免在某一年集中更換一大批董事，尤其避免董事會主席或專業委員會主席在某些年份出現較為集中的更換。上市公司應該逐步分批分次對任職到期的董事作出更換，這樣董事會作為一個集體始終保持一部分董事熟悉公司業務，讓董事會積累的寶貴經驗和知識，不會因董事的更換而突然顯著中斷。

三、董事任職的注意事項

避免任職過多

上市公司在篩選董事候選人時，對方是否具有足夠的時間和精力，是否能夠勤奮、妥善地履行職責，也是上市公司需要考慮的一個重要維度。

許多董事同時出任多間上市公司的董事職務。除上市公司外，不少董事還在社會上承擔一系列其他職務和頭銜。

從某種意義上說，董事兼任多項職務可以令董事們視野開闊，對履行職責有一定的好處，不過前提是董事必須對上市公司的事務和職責投入足夠的精力和時間。近年來，監管機構、機構投資者和投票顧問機構都非常關注董事是否任職過多，擔心董事由於任職過多，而無法確保騰出足夠的時間和精力，去勤勉地履行對上市公司的義務和職責。如果被機構投資者或投票顧問機構認定為任職過多，當董事尋求連任的議案提交股東大會表決時，會遭遇一些機構投資者的反對票。這可能是一些董事在重選連任時得到的支持票數較低的原因之一。

董事需勤勉盡責，對上市公司的事務投入足夠的時間和精力。除非有非常特殊的原因，否則不應該缺席董事會議，而且應該現場出席所有董事會議。新冠疫情期間，大家不得不通過視頻開會，但正常情況下，董事應該儘量去公司現場出席董事會議，而不是通過視頻參會。現場參會可以讓董事之間增進溝通、了解與互動的機會，有利於董事會成為一個緊密的集體，同時現場參會也為董事增加了與管理層接觸和溝通的機會。

董事出席會議的情況需在年報中披露，董事不能一年內多次缺席董事會議。在新董事加入董事會前，董事本人和上市公司均需判斷該名董事能否預留足夠的時間和精力去勤奮、妥善地履行職責。另外，董事會認真履職的工作氛圍非常重要。如果每個董事都認真履職，新任董事也會明白上市公司的期望和要求。此外，董事會每年對董事表現所做的

評估，包括董事會主席與董事單獨就董事表現、董事會評價等所進行的面談，也非常重要。這是董事會對董事的表現和貢獻作出反饋及聽取董事意見的機會。

出席董事會議只是對董事履職的最基本要求。出席會議前，董事們應當認真審閱管理團隊提供的資料，包括需要決策的事項說明，這樣可以在會上減少管理層對會議材料一字一句的重複說明。一些上市公司董事會議的大部分時間都花費在管理層將議題材料的內容「朗讀」一遍，這不是高效開會的方式。董事會成員應事先做好功課，認真審閱材料，會上管理層只需要將重點內容做一說明，其餘時間應該更多地投放到董事與管理層問答和討論環節，提高開會的質量和效率。董事在會下閱讀材料、為會議做準備的時間可能經常遠超出會議本身所花費的時間。董事們會下準備越充足、會上討論的質量越高，更有利於董事會集思廣益，提高決策質量。

為確保董事可以對上市公司的事務投入足夠的時間和精力，近些年市場監管機構對董事任職的數量做出了規限，內地市場要求董事不能出任超過三家上市公司獨立董事，每年對公司業務投入的時間不少於 15 個工作日。香港上市規則要求獨立董事不能出任超過七家上市公司獨立董事。不過規則不可能涵蓋所有情形。如果獨立董事除了服務上市公司，還在非政府組織、非上市公司等機構或企業中擔任職位，這些也應該適當地被考慮進去。上市公司和董事本人都需要確保董事可以對上市公司投入足夠的時間和精力，妥善

地履行職責。

西方一些國家雖然沒有在上市規則中對董事任職數量作出硬性規定，但投票顧問機構和大型機構投資者都會關注董事出任上市公司獨立董事的數目，並且具體分析董事在上市公司中出任的職位，比如董事會主席需要對上市公司投入大量的時間，負責審核委員會的主席對上市公司事務也需要投入比其他大部分董事更多的時間，因此投票顧問機構會具體分析董事擔任上市公司的職位，並判斷他們總體上是否任職過多。如果董事被認定為任職過多，投票顧問機構和部分機構投資者會表達他們的關注，每次董事重選連任時，他們可能會投反對票。

另外一個值得思索的話題是：公司在職高管出任其他公司獨立董事，是否屬於「任職過多」？一些公司不會批准全職高管去出任其他上市公司的獨立董事，認為這會分散高管的精力，影響雇主的業務。一些西方機構投資者和投票顧問機構認為如果全職公司高管出任其他上市公司獨立董事，可能屬於「任職過多」。

因為，他們擔心全職高管若出任其他上市公司的董事，那麼當上市公司遭遇不測，全職高管由於需要處理手頭的全職工作，未必有時間和精力顧及上市公司的事務。不過，仔細分析一下，全職公司高管擔任其他上市公司獨立董事，對雇主、高管和上市公司三方可能都有好處。

全職公司高管每天需要處理日常業務和公司事務，對市場的感受、對行業的理解、對市場環境變化的感知，都來自

於真實的商業世界，十分貼近現實，與時俱進，特別是一些新興業務領域，如新能源、新科技等，由於全球開拓這些領域的時間並不長，最直接的技能和經驗來源可能就是現任公司高管。所以，上市公司可以從這些現任高管身上獲得寶貴的洞見、經驗和能力，對上市公司是有益的。作為全職公司高管，如果有機會在另一家企業出任獨立董事，可以從公司治理、獨立董事的角度看待問題，擴大管理者的視野，可以從其他公司、其他行業那裏學到更為豐富的知識。出任獨立董事既是為上市公司作貢獻，也是一個寶貴的學習機會，反過來可以促進管理者在雇主公司的表現。一些最佳實踐可以為雇主公司所用，而跨行業合作更需要高管們開拓思路，不拘泥於自身的行業所限。所以，高管出任其他公司的獨立董事，對高管是一個學習與成長的機會，可以進一步更好地履行全職工作，為雇主作貢獻，所以對三方都是有好處的。

　　至於高管是否能夠投入足夠的時間和精力去兼顧兩間企業所需履行的職責，在出任獨立董事前有關高管需要根據工作量、時間表等作出客觀評估。如果可以兼顧的話，雇主應該同意高管出任上市公司獨立董事，可以給相關三方都帶來益處，是一個多贏的局面。

　　關於公司高管出任獨立董事，是否屬於「任職過多」，最有發言權的應該是上市公司董事會。他們可以從董事在會上的發言、參與討論的情況、出席董事會活動的情況等，清楚地看到有關董事是否在會前做了充分準備。如果他們發現高管因職務和工作量，無法為上市公司投入足夠的時間

和精力，那麼秉承良好的公司治理原則，上市公司應及時作出調整。機構投資者和投票顧問機構應當聽取上市公司董事會主席代表董事會作出的評估，而不是千篇一律、先入為主地給出負面結論。

對新任董事的培訓

在董事正式上任前，上市公司應為新加入的董事提供培訓，讓新董事能夠很快了解公司業務，儘快進入角色，妥善履行職責。上市公司應形成一套為新任董事提供培訓的方法和制度。

新董事上任前，公司應制定相應的培訓計劃，以協助新董事了解公司業務，包括公司的歷史、運營狀況、戰略、財務狀況與財務管理、風險管理、人力資源現狀與管理、行業地位和行業監管要求等，並提供機會讓新任董事可以很快與管理團隊主要成員見面。

根據董事的履職經歷，公司秘書或董事會秘書可以判斷是否需要向新任董事詳細解釋董事職責和上市規則的主要要求。如果這些新任董事已經有豐富的出任上市公司董事的經驗，公司秘書或董事會秘書只需要重申重要的原則及近期監管條例的最新要求等，但無需化時間細緻地從頭講解上市規則的要求。但如果新任董事來自其他國家或地區，對本地監管要求和上市規則並不熟悉，或者之前沒有出任上市公司董事的經驗，這種情況下，公司秘書或董事會秘書需安排較為詳盡的培訓內容，協助這些董事儘快熟悉監管要求。

　　即使一些董事已經有在其他上市公司出任董事的經歷，已經對上市規則比較熟悉或有所了解，董事依然需要了解上市規則在近些年發生的變化，並重溫法律法規和上市規則對董事履職的要求。在法律法規和上市規則培訓方面，一些上市公司會借助他們的外部法律顧問（即常年為公司提供法律服務的律師事務所）來協助這項工作。法律顧問（律師事務所）服務許多上市公司，有很成熟的培訓材料，也有豐富的培訓經驗。一些法律顧問還設計了測試題目，讓董事在接受培訓後完成一些自我測試，對所掌握的知識進行自我評估。

　　通常公司秘書或董事會秘書負責組織新任董事的培訓，安排培訓課題、安排課題講授者，協調董事時間。具體培訓內容可由公司內外部不同人士負責提供。例如有關上市規則的培訓，可由公司內外部法律顧問負責講解，關於行業監管機構和監管要求、行業和業務情況的培訓，可由公司內部熟悉情況的相關管理人員負責講解，可以集中安排一位高管，也可以分由幾位高管分別講解（建議上市公司採用後者，有助於新任董事了解每位高管的職責，並盡快與之建立聯繫），以協助新任董事儘快熟悉業務。公司秘書或董事會秘書應建立培訓資料庫，隨着業務發展，在每次新董事加入時，重新審視，不斷更新。

　　優秀的上市公司都建立了良好的新任董事培訓方案。在以下案例中，上市公司已形成一套為新任董事提供培訓的體系，助力董事儘快熟悉業務，熟悉公司管理層，儘快開始履行職責。

案例 3：新任董事培訓方案

大型上市公司為新任命的董事安排培訓。培訓內容包括法律法規、監管要求、公司業務等多個方面，分由不同的業務主管講解，事先和董事安排好培訓時間。由於內容較多，且分由不同的高管負責講解，公司秘書需要和董事們協商多個時間段，每次時間不長，1—2 個小時。事先將培訓材料發給董事們閱讀。

首先請公司的外部法律顧問就上市公司及所在行業和業務的特點，講解法律、法規、規則的重點要求。

接下來安排新任董事了解公司業務，分別安排新任董事與負責主要業務部門的高級管理團隊成員見面。按照業務線，請負責該項業務的高管向董事們講解他／她所負責的業務情況。

除了逐一介紹業務板塊，公司秘書安排首席財務官講解公司的財務狀況；安排法律、人力資源、內審等職能線負責人講解他們所負責的領域，包括現狀和重點工作等。

通過培訓，在幫助董事熟悉公司業務的同時，也讓董事們有機會認識公司管理團隊主要成員。在高管講解完重點內容後，留出時間與董事們進行問答。

通過這樣一套培訓方案，董事們全面了解了公司業務，也對每個業務板塊和職能線負責人有所了解，建立了溝通渠道，幫助董事們很快進入角色。

這套方案看上去很繁瑣，但其實不然。每個高管講的都是他們熟悉的自己負責的業務，培訓材料並不繁瑣，採用 PPT 演示文稿，篇幅並不很長，每個板塊的講解時間也安排的比較合

理，沒有太長的會議，對雙方來說，在時間上也比較容易安排。這樣的培訓對新任董事很有幫助。

　　新董事上任，需要參加培訓，而董事上任之後每年還需要繼續參加各種培訓，以確保董事不斷學習相關的新知識，始終保持對市場、行業和業務良好的理解。董事持續培訓的內容可以多種多樣，包括上市條例、監管條例、會計準則的更新、風險管理、新科技、新技術等各個方面。培訓內容可以來自多個渠道。上市公司可以根據業務和戰略需要，就關鍵主題自行組織相關的培訓，邀請內外部專家為董事講授。交易所、證監會、大型會計師事務所和律師事務所、各人專業團體（如會計師公會、律師公會、董事協會等）每年都會組織一系列的主題演講、課程或培訓，時間短的只有一兩個小時、長的可能一整天，許多課程或培訓內容與上市公司的經營環境、業務發展或董事履責等緊密相關，有些課程或培訓明確針對上市公司的獨立董事，董事會成員可以根據需要選擇參加。公司秘書或董事會秘書應將有關的培訓資訊及時發給董事會成員，供他們知悉。上市公司應積極鼓勵董事、特別是外部獨立董事參加培訓，為他們提供培訓資訊，為董事安排報名並支付相關費用。

　　董事每次參加培訓的時長、內容、提供培訓的單位等需要留存記錄，以便公司秘書或董事會秘書每年做出統計，確保董事每年參加了適當的培訓課程。

第三章

選聘優秀董事（一）

　　一個優秀的董事會，需要優秀的董事會成員。上市公司應當如何選聘優秀的人才加入董事會？

一、選聘優秀人才加入董事會

　　上市公司治理水準、風格、文化等參差不齊，在組建董事會、物色董事候選人方面所採用的方式有很大差別。目前大部分上市公司在考慮董事人選時，沒有採用比較嚴謹或系統的方法去梳理和篩選候選人，很多公司都是由控股股東或高級管理層在他們熟悉的朋友圈中選聘，在思考和篩選候選人方面，大部分上市公司董事會所花費的時間和精力非常有限，有些公司甚至沒有做過任何集體討論。相比之下，公司治理比較成熟的企業在這方面所花費的時間、投入的精力，甚至撥付的經費都明顯高於一般企業的平均水準。

　　正如企業選聘管理人員和招聘員工那樣，在選聘董事方面，董事會所奉行的原則也應該是吸收優秀的人士加入董事會，為上市公司服務，通過他們豐富的經驗、閱歷、知識和技能，助力公司創造價值。

　　首先，上市公司需要系統地梳理、認真地思考以下問題：為助力公司取得成功，董事會作為一個集體，需要具備哪些經驗和技能？無論是正在籌備上市的公司還是已經上市的公司，都應當系統地思考這個問題。對於眾多已經上市的公司，董事會需要定期（至少每年）在提名委員會上或董事會上展開討論。

　　公司在選聘新董事時，首先需要根據業務發展情況、所在行業特徵、所面對的重大挑戰和機遇，及未來發展趨勢等，列出董事會作為一個集體需具備哪些重要的技能和經驗。沒有一個董事可以具備公司所期許的所有技能、經驗或背景，但董事會是一個集體，只要作為一個集體，董事會具備了公司發展所需的技能、經驗和背景，在作出重大決策時，董事們可以就公司所面對的重大事項作出更為全面的分析和判斷。上市公司在梳理董事會所需的技能和經驗時，需要結合公司戰略和發展方向，因此梳理董事會技能從另一個角度，讓董事會對公司業務和發展方向達成共識。

　　以下列舉了一些上市公司董事會通常需要考慮的技能和經驗。

財務和法律

　　財務和法律方面的專業技能對上市公司適用，許多上市公司董事會包括了具有財務和法律背景的人士。

　　財務報表是上市公司對外發佈的重要法定資訊。上市規則明確規定董事會成員中需包含具有專業財務背景的人

士。董事會下設審核委員會，負責對公司財務報告及其相關
事項進行審核，並向董事會彙報。因此董事會必須包括具有
財務背景的董事，而且是獨立非執行董事，以便董事會能夠
對管理層提交的財務報告、管理層採納的財務政策等重大
財務事項作出獨立的判斷和決策。

　　法律合規性對上市公司而言非常重要，是公司持續經
營與發展的必要條件。上市公司會涉及各種法律訴訟和法
律契約。通常董事會成員會包括具有法律背景或接觸過、
處理過法律事務或熟悉合規性要求的董事，以便協助董事會
對企業的重大法律事項、合規性等作出判斷和決策。

識別和應對風險

　　識別和應對風險對企業具有重要意義。過去許多上市
公司沒有專門將風險管理作為董事會最重要的職能之一，近
些年市場風雲變幻，上市公司面對越來越複雜的經營環境，
越來越強調風險識別與風險管理。過去幾乎只有大型金融
機構，比如銀行，由於行業特性及行業監管機構的要求，在
董事會下面專門成立風險委員會作為一個專業委員會，負
責監察管理層對風險的識別和管理。現在越來越多的上市
公司開始加強對風險的識別和管理，把風險識別和管理作為
董事會重要職責之一。國際上一些曾經將風險管理納入審
核委員會職能的公司開始將二者分離，成立專門的風險委員
會，以加強對企業經營過程中各種風險的識別和管理。董事
會成員應包括具有風險識別和管理經驗的人士。

主營業務

許多上市公司希望董事會能夠在主營業務方面協助管理層，加強行業經驗和能力，提升公司主營業務的表現，因此希望從所在行業中物色合適的董事人選。

一方面資深的行業人士對行業發展趨勢的判斷對公司非常重要。此外他們豐富的行業經驗可以進一步促進公司業務發展。有些上市公司在物色合適的董事人選時注重從重大客戶已退休的高管中挑選候選人。這些人士曾經是公司的重要客戶，從產品和服務使用者的角度，他們既了解上市公司，也接觸了許多上市公司的競爭對手，知道上市公司和他們的競爭對手相比有哪些優勢和劣勢，可以從產品和服務使用者的角度，通過客戶的視角促進公司業務發展。

不過，從客戶已退休的高管那裏挖掘董事人選時，上市公司需要留意以下幾點：(1) 始終堅守良好的商業道德與職業操守，董事會成員更應該以身作則。涉及到公司客戶等特殊關係時，上市公司和董事個人均需遵守兩家公司內部的職業操守規範，確保客戶前高管與上市公司並無特殊的關係或利益往來或利益交換。(2) 需要認真審核該名董事是否可以被認定為獨立非執行董事。這取決於該客戶對上市公司營業額和利潤的重要性占比有多高。如果上市公司具有很多客戶，而該董事以前服務的公司只是其中一個普通的客戶，占上市公司營業額或利潤比重不高，且不存在其他影響其獨立性的因素，該名董事可以被認定為具有獨立性。但如果該客戶對上市公司而言是非常重要且對其營業額或利潤

貢獻占比較高，在這種情況下，該名董事的獨立性需要仔細甄別。

企業管理經驗

許多上市公司希望從成功的企業家中物色人選，出任董事會成員，他們具有豐富的企業管理經驗。雖然這些人士並不一定來自公司所在的行業，但企業經營所需要的技能和經驗在許多方面是相通的，具有重要的借鑒意義。此外，董事來自不同行業，有助於上市公司開拓眼界，拓寬思路，拓展跨行業合作，或者在某些方面借鑒其他行業的經驗。

海外或跨國業務經驗

一些上市公司希望拓展海外市場，希望物色具有海外或跨國業務經驗的人士，或直接聘請來自海外市場、了解當地經營環境和文化的人士。近些年，不少跨國企業都注重從全球主要市場中物色董事會成員，以增進董事會對不同市場的理解，助力企業制定戰略，拓展業務。

梳理董事會所需的技能和經驗不是一次性任務，而是持續性的任務。隨着環境和市場變化，企業在發展過程的不同階段會遇到各種不同的挑戰。上市公司需要定期審視董事會應該具備哪些技能、經驗和背景，才能發揮最大的作用，在公司發展的各個階段作出貢獻。尤其在安排董事接任計劃方面，通過分析和比較現有董事會成員在哪些方面已具備足夠的經驗和技能，而在哪些方面上市公司需要加強或補

充，並以此作為挖掘、篩選潛在人選的一個出發點。

目前許多上市公司在安排或物色董事會人選時，董事會或下屬提名委員會很少做系統的分析和梳理。許多上市公司董事會人選是由控股股東或高管從相熟的商界友人或朋友圈中選取的。也許在他們從熟悉的友人中選取董事時，在腦海中也曾做過一些快速的分析和梳理，但系統的比較和分析，特別是在董事會或提名委員會上認真討論，不僅有助於公司找到最合適的人選為業務發展作出貢獻，也有助於董事會對公司戰略、業務現狀、發展目標等達成共識。

在朋友圈中物色董事，方法簡單、易於執行，所花費的時間和精力非常有限，且大家知根知底、合作愉快，上任後這些獨立董事大概率不會給上市公司找麻煩。但弊病是上市公司未必真正獲取了對其發展最有用的人才，特別是在許多新興領域，如數字化、人工智能等，公司控股股東或高管未必在朋友圈中具備這方面的人選。通過這種方式選取董事候選人，往往「理念一致」，「背景相同」，令董事會成員具有很強的「一致性」和「共同點」，但在「多元化」方面遠遠不夠，且也有可能在獨立性方面有所欠缺。

案例 4：在知根知底的朋友圈中尋找獨立董事

有些上市公司的實際控制人（或控股股東）認為根本不需要提名委員會，自己長期在商圈中打拼，早已建立了廣泛的人脈關係。當公

司需要選聘外部獨立非執行董事時，自己的商圈人脈已經提供了足夠豐富的選擇餘地，提名委員會顯得「多此一舉」。

還有一些上市公司的控制人或高管認為如果聘請的外部獨立董事專業能力或技能非常強，在某些領域經驗非常豐富，這些董事很可能會問東問西，給上市公司找麻煩。選聘獨立董事，最好在知根知底的朋友圈中尋找，彼此熟悉才能保證合作愉快，至少他們不會找麻煩。

企業上市，除了募集資金、提升知名度，最終目的都是希望在市場上取得更大的成功。上市公司應當歡迎並要求獨立董事發揮作用，為企業作貢獻。獨立董事也希望通過自己的經驗和技能，助力上市公司和管理團隊取得成功。

至於部分上市公司控制人或高管所擔心的「獨立董事找麻煩」，如果大家的價值觀沒有重大分歧的話，更多是由於溝通和工作方式引起的，部分新任董事未能順利融入董事會這個集體。比如，一些上市公司獨立董事喜歡「滔滔不絕」，佔用了其他董事發言討論的時間，導致董事會工作關係不融洽。這些情況都是由於上市公司在正式任命董事前沒有「做足功課」，沒有對董事提供恰當的培訓，也沒有及時對其表現提供反饋意見。

為確保新任董事在能力上可以勝任，在工作方式、溝通方式等方面，可以與其他董事會成員相互合作，在篩選董事候選人時，除了確保他們具有上市公司所需要的技能和經驗，還要了解他們的為人和處事風格。在選聘階段，上市公司可以通過商界朋友網絡等了解這些董事候選人在其他企業或機構的表現，口碑與處事方式。

此外，在選聘過程中，上市公司可以安排幾名現任董事與候選人見面，與候選人交談半個小時到一個小時，可以單獨一對一交談，也

可以幾個人一起交談，讓董事會成員獲取對候選人的直接印象，對候選人作出判斷。許多上市公司完全省略了這個環節。有些候選人因為與控制人或高管相熟，就不再履行和董事會其他成員見面的程序。有些上市公司即使之前與候選人並無任何接觸，也只派一名高管或公司秘書（或董事會秘書）與候選人聯繫，然後就履行董事聘任手續，這些都會為今後新任董事是否可以融入董事會這個集體留下不確定性。

有些公司在董事選聘方面做得更為周詳。候選人與部分董事會成員見面後，經上市公司內部評估，在正式聘用該名董事前，董事會邀請該名董事候選人列席一次董事會（或部分討論環節）。這樣做，可以了解候任董事的工作方式、溝通方式，並判斷該名董事候選人是否能與其他董事會成員一起共事，同時也給董事會其他成員一個與候任董事溝通見面的機會，得出一個更為全面和準確的評估，也有利於董事會全體成員做出任命新董事的決策。通過上述一系列程序後，新任董事與其他董事會成員無法合作的概率會大幅降低，確保董事會運作順暢。

出任上市公司董事，任期一般少則六年，多則九年甚至更長。既然大家需要在一起共事多年，上市公司應該妥善履行必要的步驟和程序，採取更為穩妥的做法。

二、吸納新技能、新經驗，應對新挑戰

近些年全球湧現出許多新領域、新技術，是許多上市公司共同面臨的新課題。比如：應對氣候變化、降低溫室

氣體排放、數字化、人工智能等，這些趨勢和技術會對上市公司帶來至關重要的影響。

　　每個上市公司都需要認真思索應對氣候變化、降低溫室氣體排放給企業帶來的影響，需要分析新技術、新科技對企業的影響，識別風險，並決定企業將如何應對轉型帶來的各種挑戰，同時識別轉型帶來的前所未有的機遇。在董事會層面加強和補充在這方面具有經驗的董事就顯得非常必要。

氣候議題

　　應對氣候變化、降低溫室氣體排放、減少使用化石燃料是各行各業共同面對的重大課題。一些上市公司在組建董事會時，已經考慮從這方面獲取人才，以便在制定業務發展戰略、監督業務運營，及與利益相關方溝通等方面，充分考慮相關的趨勢和相應的風險、落實可持續發展、積極應對氣候變化及妥善回應來自市場和利益相關方的壓力。

　　有些人可能認為氣候變化、溫室氣體排放只會影響某些行業，比如能源行業，因為人類需要減少使用化石燃料，並發展低成本、零碳排放的新能源取而代之，因此能源行業需要應對氣候變化，是很容易理解的。但氣候議題可能對某些其他行業就不那麼適用，也並非那麼緊迫。這個觀點是不正確的。應對氣候變化與各個行業都緊密相關，全球各行各業都會受到氣候變化帶來的影響，無一例外。為降低溫室氣體排放，應對氣候變化對業務帶來的影響、回應來自利益相關方的壓力，各行各業都需要思考公司的長期戰略，提早部

署應對舉措，同時敏銳地從轉型壓力中捕捉新的商機。以下舉例說明應對氣候變化、降低溫室氣體排放對一些主要行業的影響。

交通領域：無論是航空、航運，還是與人民生活息息相關的汽車、公共交通（如巴士、輪渡）等，上述每一個交通領域都面臨碳減排的任務。使用化石燃料作為燃料或動力來源的各種交通工具，都需要降低碳排放，並探索新興可替代的低碳或零碳燃料。各國都在積極發展電動汽車、電動巴士、電動大型、重型運輸車，研發氫能汽車、氫能巴士、氫能重型運輸車等。在航空領域，許多國家都在積極研發新的可以替代航空燃油的生物燃料。

食品領域：極端氣候會直接影響農牧業產量，帶來直接的經濟影響。飼養動物供人類食用也是溫室氣體排放的重要源頭之一。碳減排已經催生了新興的「零碳排放食品」，農業固碳減碳已經是一個重要課題。食品包裝材料大量使用塑膠，不可降解的塑膠對陸地和海洋環境已經產生了嚴重的負面影響，引起了全球巨大關注。許多食品龍頭企業、新興科技公司等都在積極研發可徹底降解的塑膠替代品，並需努力降低其生產成本。食品運輸環節如何降低碳足跡，也是一個非常重要的課題。

製造業：碳減排對製造業而言是一個重大挑戰，無論製造哪種產品，應對氣候變化，降低溫室氣體排放都是共性的課題。鋼鐵、水泥行業面臨着巨大的減排任務；手機等電子產品製造商需要在各個製造環節降低碳排放，許多知名

品牌要求他們的供應商拿出碳減排的具體舉措，以降低最終產品的碳足跡，以保護和提升品牌形象。隨着應對氣候變化的壓力與日俱增，許多國家都在建立與綠色製造業相匹配的關稅、碳稅、碳交易等制度，旨在區分哪些產品為碳減排付出了努力，綠色產品為此而產生的額外成本不會成為影響其產品競爭力的負面因素，反而會提高產品競爭力。而未對碳減排作出努力的產品，包括來自境外的進口產品，須繳納相應的碳排放稅。歐盟率先採取的一些措施已經對部分出口型企業造成了影響。未來隨着越來越多的產品被納入碳稅徵繳的範圍，受影響的製造企業會越來越多。製造業迫切需要面對氣候變化這個課題所帶來的種種影響，研判氣候課題對運營和研發的影響，制定公司戰略，積極採取行動。

服裝業：有些人可能認為鞋子和衣服總要穿的，降低碳排放對這些行業產生不了甚麼影響。其實服裝業也面臨同樣的碳減排課題。紡織服裝業每年產生的溫室氣體據稱超過了航空和海運的總和。每生產一件衣服需要耗費的水資源、產生的污染物、排放的溫室氣體，都是人類需要面對和解決的課題。

旅遊業：有些人可能認為古跡、景點不會受碳排放的影響。其實旅遊業也在緊鑼密鼓地研究低碳旅遊。隨着氣候暖化、海平面上升，今天的一些旅遊勝地很可能會完全消失，被水淹沒。這些國家和地區正面臨巨大壓力。旅遊業，由於涉及到衣食住行各個方面，也是碳排放的源頭之一，也需要應對氣候變化帶來的壓力。

　　金融業：氣候變化給保險業帶來了直接影響。極端氣候頻發，增加保險產品理賠，也導致保費進一步上升。銀行業在提供貸款時需要識別哪些行業和企業是未來的贏家，哪些行業和企業會逐漸面對萎縮的市場和暗淡的前景。這對銀行的信貸政策和風險控制至關重要。同時，金融業需要大力支持全球應對氣候變化所作出的努力，積極發展綠色金融業務，支持低碳零碳行業，支持全球各行各業轉型。

案例 5：大型金融機構積極應對氣候變化

　　氣候議題（即應對氣候變化、降低溫室氣體排放）給銀行業帶來了巨大影響，包括影響銀行的信貸政策、風險管控、金融產品等，讓銀行業直接感受到來自利益相關方的壓力。

　　金融機構需要判斷在全球降低溫室氣體排放，應對氣候變化的大趨勢下，哪些行業、哪些客戶會面對重大的不確定性，哪些客戶的業務會受到重大負面影響，這對銀行的風險管控非常重要。這些行業和客戶需要拿出積極的態度應對氣候變化，能夠闡述減排目標和行動計劃，否則銀行很可能會採取措施規避風險，包括大幅減少對這些行業和客戶在信貸方面的支持。

　　在識別和應對風險的同時，銀行也需要積極發掘新的商機，判斷和識別哪些行業（包括新興行業）和客戶會在氣候議題的大趨勢下蓬勃發展，將資金和銀行服務向這些行業和客戶傾斜。在這一趨勢下，綠色金融應運而生，不僅可為銀行帶來新的商機，同時也展現出銀行

在應對氣候變化、降低溫室氣體排放方面積極作出貢獻，贏得客戶和社會的尊敬，進一步提升品牌和形象，鞏固和發展長期競爭力。

除了監管機構會按照法律賦予的許可權對銀行實施監管外，眾多利益相關方也對大型金融機構的一舉一動給予了極大關注。西方非政府組織和團體、大型機構投資者等直接向一些國際知名銀行表達了他們對氣候議題的高度關注，認為銀行沒有採取積極和足夠的措施應對氣候變化。一些團體和個人甚至採取非常激烈的手段向董事會表達訴求。

除了服務客戶外，銀行需要向市場表明如何在自身業務中降低碳排放，降低包括供應鏈和供應商在內的總碳排放，並提出實現淨零排放的目標時間表和擬採取的路徑。

氣候議題對銀行業務影響深遠，銀行需要及時調整信貸政策，推出綠色金融產品，學習並了解在全球轉型中應運而生的新行業。為此，銀行需要在董事會、管理層、員工隊伍等多方面吸引人才，補充相應的技能和經驗。一些銀行成立了專家顧問委員會，聘請內外部專家就這一領域向董事會提供所需的專業意見，貢獻他們的專業技能。

新科技、新技術領域

除了氣候議題外，新科技、新技術日新月異，給各行各業帶來了許多新的挑戰，給企業運營帶來了直接影響。一些行業面臨商業模式轉換、新競爭對手崛起等課題。比如，人工智能會給許多行業的商業模式帶來直接影響。人工智能在醫療保健、自動駕駛、銀行和金融等多個領域都有廣闊

的應用前景。在製造業中取代人手完成重複勞動，提高勞動效率，在人工成本日益增長的環境下，降低製造成本。

一些非常依靠經驗和腦力的行業，比如醫療診斷，也有許多環節可以依靠人工智能解決，通過跟蹤分析大量的實際病例，通過大數據分析和深度學習，人工智能在診斷方面可以達到非常高的精確度。這些都會對行業未來的佈局造成重大影響。

對企業而言，這些新技術和新科技一方面帶來風險和挑戰，另一方面帶來機遇和新的增長空間，優秀的企業需要前瞻性地研判行業趨勢，提早做好佈局。上市公司需要關注新技術對業務發展前景造成的重大影響，例如數字化、雲科技、人工智能等，並有意識地挖掘相關方面的人才出任董事，以便董事會在制定戰略時，充分考慮新技術帶來的影響，在討論這些議題時，可以獲得更豐富的經驗，助力企業做出正確的決策。

以下案例以金融機構為例，闡述人工智能等新課題對銀行業的影響。金融機構必須積極應對新科技帶來的影響，抓住新科技帶來的商機。

這些都要求董事會在制定戰略、監察管理層表現等方面充分考慮新科技、新技術、新趨勢帶來的影響，作出正確的決策，而董事會必須物色恰當的人選來履行職責。

案例 6：在銀行業務中應用人工智能

一些國際領先的大型金融機構已經意識到人工智能會對整個行業帶來巨大影響，紛紛與科技公司形成戰略合作夥伴關係，研究在金融業務中應用人工智能，利用人工智能協助金融機構獲取更大的競爭優勢。

大型美資銀行利用人工智能分析美聯儲發表的聲明、陳述、美聯儲官員的講話發言等，運用分析結果協助銀行捕捉開展金融交易的機會。

大型美資銀行利用人工智能向旗下為客戶提供專業財務顧問服務的員工提供市場洞見，以提高他們對市場判斷的準確性，目前已進入測試階段。

大型美資銀行利用人工智能，設計「虛擬營業員」，向客戶提供各種個性化的服務。顧客可以向「虛擬營業員」提出問題和要求，「虛擬營業員」負責提供各種交易服務。當「虛擬營業員」遇到它們不會操作的難題時，系統自動為客戶轉接真人營業員。

以上幾個案例只是冰山一角。銀行業利用人工智能判斷風險，捕捉商機，具有廣闊的應用前景。各大金融機構都明白人才的重要性，不僅需要在員工隊伍中擴充具有恰當經驗和技能的人才，負責管理和執行，同時在董事會層面也需要補充相應的人才。人工智能是一個新興領域，這方面人才非常搶手。在人工智能領域具備經驗和技能，同時可以出任上市公司董事職務、承擔董事責任的人更加稀缺。

應對氣候變化、新科技、新技術、人工智能、數字化

等都是新興領域，這些領域人才本來就稀缺，而有限的人才往往都在從事全職工作，能夠有足夠的時間和精力，並獲得雇主許可出任其他公司獨立董事的人選更加稀少。許多公司已經意識到這些新興領域對他們業務的重要性，許多上市公司董事會都在尋找合適的優秀人才，因此，上市公司應提早物色人選，甚至在一些潛在董事人選尚在管理崗位時就與之建立聯繫，探討他們日後加入上市公司董事會的意向。為解決人才稀缺的問題，一些上市公司或大型機構採取了另一種做法。他們就相關課題，如「人工智能」、「數字化」「應對氣候變化、落實可持續發展」等成立專家顧問委員會，聘請內外部專家就他們熟悉的領域向董事會提供顧問建議，但委員會成員不承擔董事所需承擔的責任，也不參與董事會對公司其他事務的討論。

三、非上市公司亦可選聘獨立董事

董事選聘程序，不僅適用於首發上市、首次組織董事會的企業，也同樣適用於已經上市多年的企業，因董事出現空缺或董事任期將滿、需要作出人員更迭。上市公司應以系統有序的方式對董事會成員繼任提早作出規劃，治理體系較為成熟的企業會根據董事服務年限及公司所需要的技能和經驗提早籌畫，起碼提早半年到一年就開始着手技能的梳理和人員的選聘。目前能做到這點的上市公司不多，很多公

司都是等董事任期已滿，才匆匆臨時決定新董事人選。

上述選聘董事的程序對於未上市的公司同樣適用，從以下案例可以看出，並非只有上市公司才需要關注公司治理、董事選聘和董事會運作。

許多人認為公司治理往往是針對上市公司，因為它們需要面對上市規則和公司治理守則的強制要求，面對來自利益相關方，例如大型機構投資者的壓力，所以上市公司需要聘請獨立非執行董事，需要妥善地設計公司治理結構和程序。實際上公司治理對所有公司而言都非常重要，不是只針對上市公司，只不過上市公司因為股東結構中包含了大量公眾股東和機構投資者，他們的公司治理水準和實踐會產生更大的市場影響和社會效應。

很多公司在遞交上市申請時才開始正式考慮組建董事會，以滿足合規性的要求。其實，提早組織顧問董事會對擬計劃上市的企業非常有好處。

案例 7：非上市公司同樣需要聘請獨立非執行董事

A 公司經過多年發展，業務已取得一定規模，創始人萌生了籌畫上市的想法。這家公司早在上市前兩年，就成立了顧問董事會，模擬上市公司的運作，聘請外部獨立董事出任顧問。儘管上市規則此時對該公司並不適用，但提早成立顧問董事會給企業上市帶來了許多好處。

首先這家公司的創始人並非來自金融服務行業，公司絕大部分管

理層對首發上市並不熟悉。該公司聘請了具有法律、財務和金融業經驗的外部人士擔任顧問董事，這些董事提早針對公司擬上市計劃，指導公司股東和管理層從法律、財務報告體系到資本運作等多方面做準備，為公司提供了獨立的專業意見，讓這家擬計劃上市的公司，得以借鑒獨立董事豐富的經驗，規避了股東和管理層自身經驗不足的缺陷，最後首發上市取得圓滿成功。由於準備工作充分，準備期較長，公司順利地從非上市公司轉入了上市公司的角色。

B 公司歷史悠久，旗下具有多家上市公司，B 公司本身作為持股公司和多家上市公司的控股股東完全沒有上市計劃。但 B 公司的控制人依然比照上市公司的治理模式，組建董事會，聘請了一流的外部獨立董事，定期召開董事會議，實踐良好的公司治理規範。對 B 公司控制人而言，通過董事會高效運作，B 公司可以借鑒和聽取具有豐富經驗的獨立董事的意見，對公司決策戰略方向、投資計劃、資產配置、風險管理等都非常有好處。通過借鑒成熟的公司治理實踐，B 公司可以妥善地規避和處理利益衝突，建立多元包容的文化，建立風險識別和管控體系，建立良好的內部控制系統，這些對於一間完全沒有上市計劃、完全由私人控制的企業也同樣重要。

第四章

選聘優秀董事（二）

一、董事會成員技能與背景多元化

在選聘董事會成員方面，一個非常值得重視的公司治理趨勢，就是強調董事會成員技能與背景多元化。一些國家和地區的監管機構在公司治理守則中明確提出上市公司在考慮董事會成員組成時，應注重成員的技能、經驗與背景多元化。除技能與經驗外，多元化還包括其他多個維度，比如年齡、種族、性別、社會背景、教育背景等。為甚麼公司治理趨勢越來越提倡董事會成員技能與背景多元化？董事技能與背景多元化可以給上市公司帶來甚麼好處？

董事會成員背景多元化，顧名思義，是希望董事會成員具有不同的背景，比如來自不同的行業、具有不同的教育背景、不同的經驗、不同的技能、不同的成長經歷等。董事們雖然具有這麼多不同點，但他們每個人都是上市公司經過認真篩選，在各自領域裏具有出色表現，且願意為上市公司投入足夠的時間和精力、勤奮履職的人士。把這些在許多方面或多個領域擁有不同經驗與背景的優秀人士匯聚起來，作為一個集體，董事會成員具備了多方面、廣泛的能力、經驗和視角，可以支持、指導、引領上市公司與管理團隊，在

決策時，大家可以從不同的角度分析與判斷，提供多維度、多角度的視角和意見，以增強成員之間在知識、技能等方面的互補性，這有利於企業的發展。

如果上市公司董事會成員的工作經驗與背景較為相似、教育背景和成長環境也非常相似，那麼董事們對問題的看法和視角也很可能較為相似。相似的背景更容易讓人們找到共同語言，產生共同愛好，引發共同話題，並更有可能讓人們在相處時感到舒適。許多具有共同背景的人士可能曾經是同事、同學，或者在一些專業團體、會所或社團中都是共同的會員，有些甚至連社交圈子都很相似。這種一致性能夠產生共同合作的基礎。不少上市公司在選擇董事時，沒有聘用專門的獵頭公司或仲介機構，董事人選的來源主要靠多年積累的人脈或相熟的圈子。但教育背景、工作經歷、成長環境的相似性導致許多認知和經驗也是相似的，雖然它們能夠帶來共同語言，但恰恰是這種一致性，對風險防範，拓寬思路，引進新的角度和視野等均沒有益處。在決策時，每個董事思索的問題、提出的意見與其他董事都非常相似，而一些其他的維度可能對決策至關重要，但董事會作為一個集體卻未能充分考慮，這對上市公司並不是最有利的安排。如果董事會有意識地選取不同背景的董事，這樣大家看問題的角度不同，擅長的領域不同，作為一個集體，多元化所帶來的優勢對上市公司更為有利。

一些西方國家首先提倡上市公司董事會成員背景多元化，尤其一些跨國企業，他們的產品在全世界各地銷售，許

多新興市場，比如亞洲是他們重要的市場和增長來源，他們的員工隊伍廣泛地分佈在世界各地。雖然跨國企業面對多元化的市場、多元化的客戶、多元化的員工隊伍，但長期以來它們的董事會成員卻非常清一色，全部由男性、白人、工作和教育背景非常相似的人士組成。這些跨國企業董事會成員的組成引起了一些利益相關方的關注，包括持有他們股份的大型機構投資者。這些利益相關方質疑董事會全部清一色由白人、男性組成，他們是否真的能夠理解全球不同市場所帶來的潛力與挑戰？是否真的了解不同市場客戶和員工的訴求？是否了解不同地區文化對公司業務的影響？

於是社會上產生了一些呼聲，要求大型跨國企業關注董事會成員技能與背景多元化，漸漸地這一呼聲得到了更多利益相關方的支持，逐漸成為公司治理的一種趨勢。由於每個企業的業務和發展階段不同，董事會成員背景與技能多元化的具體內涵也不同。舉例說，跨國企業在全球多個地區發展業務，一些國家和地區對跨國企業目前或未來的業務發展具有非常重要的意義。一些跨國企業會考慮選取來自不同國家、具有不同種族背景的人士加入董事會，有意識地從主要經營市場中選取董事會成員，以協助董事會增進對當地市場、發展前景及風險等方面的理解，這樣在討論時，可以獲得更為準確、來自當地市場的聲音和意見，以協助董事會決策。

許多大型跨國企業非常重視中國市場，中國已經成為他們產品和服務的重要銷售渠道之一，且具有進一步發展的

潛力，於是部分跨國企業在董事會成員組成中增加了來自中國的人士。而對於一些商業模式正在轉型的企業，比如傳統零售業務走向電子商務模式，可能需要考慮選取具有電商業務經驗的人士加入董事會，這對董事會討論和決策未來新業務會有所幫助。

多元化趨勢發展到今天，主要西方國家尤其強調性別多元化，不贊成董事會全部只有單一性別董事組成，明確要求加強女性董事在董事會成員中的占比。

二、女性董事

董事會成員背景與技能多元化是近年來公司治理所提倡的趨勢。在多元化方面，近些年最熱門的話題是董事會成員性別多元化，要求上市公司董事會增加女性董事。監管機構、機構投資者、一些非政府組織和團體非常關注女性董事在董事會中的占比，鼓勵和要求上市公司增加女性董事，許多監管機構在上市條例中對此作出了指引。

在增加女性董事方面，西方國家普遍對這個議題比較重視。以北歐四國，即丹麥、芬蘭、挪威、瑞典為例，於2021 年 6 月 1 日至 2022 年 5 月 31 日期間，北歐四國 39%的董事會成員為女性。這期間，45 個公司董事會女性成員占比達到 40% 以上。新增公司董事中 50% 為女性。北歐四國中只有挪威對女性董事人數比例做了立法規定。根據《挪

威公眾有限責任公司法 1997》規定，如果董事會成員總人數為 2 到 3 人，則男女性別皆應該有代表出任。如果董事會成員人數達到 4—5 人，則男女性別需要至少各有兩名代表；如果董事會人數達到 6—8 人，則男女性別至少各有三名代表。如果董事會人數達到 9 名，則男女性別各需要至少 4 名代表。如果董事會人數達到 9 人以上，則董事會女性成員占比至少 40%。[1]

截止 2023 年 1 月 11 日，英國最大型的 350 家上市公司中女性董事占比為 40.2%，而最大型的 100 家上市公司中女性董事占比為 40.5%，2021 年該數據為 39.1%。[2]

相比歐洲國家，亞洲上市公司中女性董事占比明顯低。香港交易所已於 2021 年修訂了《企業管治守則》及上市規則，要求所有已上市的公司 2024 年底前董事會成員性別須多元化，即香港上市公司董事會成員中需至少有一名女性董事。根據非政府組織 Community Business 發佈的報告，截止 2022 年 4 月 1 日，香港恒生指數成分股公司董事會中女性董事占比為 15.7%。[3]

亞洲上市公司中女性董事占比明顯比歐洲低，這是否可以歸結為歐洲某些國家採取了強制立法的原因呢？答案應該是否定的。在歐洲各國中，僅有個別國家，比如挪威和

1　來源為：Diversity, 2022 Nordic Spencer Stuart Board Index（多元化，2022 年史賓沙北歐四國董事會指數）

2　路透社，2023 年 2 月 28 日報導

3　來源為：Community Business, 2022 Women on Boards Q1

法國對女性董事會成員人數比例作出了明確的立法規定。根據國際獵頭公司史賓沙發布的報告所提供的資料[1]，挪威上市公司中女性董事占比為 45%，而北歐另外三個沒有對女性董事人數作出強制立法規限的國家：丹麥女性董事占比為 37%，瑞典女性董事占比為 39%，芬蘭女性董事占比為 35%。英國沒有對女性董事占比作出強制立法規限，而英國女性董事占比達到近 40% 左右。歐洲社會普遍關注這個議題，社會多股力量推動這一變革，正是這股社會力量推動上市公司不斷採取行動，作出變革，甚至導致政府通過立法推動女性董事占比，所以社會的強烈關注和推動才是最主要的原因。相比之下，這個議題在亞洲社會沒有受到同等程度的關注。

　　根據摩根斯坦利資本國際指數公司（MSCI）發佈的報告，以 2022 年 10 月為截止日期，該份報告比較了 MSCI 各類指數成分股中女性董事占比情況。世界指數（主要覆蓋發達國家）成分股中，女性董事占比為 31.3%；MSCI 多國世界指數（All Country World Index, ACWI，主要覆蓋 23 個發達國家和 25 個新興市場）成分股中，女性董事占比為 24.5%；MSCI 新興市場指數成分股中，女性董事占比為 15.9%。下表摘錄了截止 2022 年 10 月 MSCI 成分股中部分

1　來源為：Diversity, 2022 Nordic Spencer Stuart Board Index（多元化，2022 年史賓沙北歐四國董事會指數）

國家女性董事占比資料[1]：

圖表 2：各國企業中女性董事占比	
國家	**2022 年女性董事占比**
法國	46.1%
紐西蘭	46%
意大利	42.5%
丹麥	42.4%
挪威	39.7%
英國	39.2%
荷蘭	38.9%
比利時	38.3%
澳洲	37.2%
德國	35.5%
加拿大	35.5%
南非	34.4%
馬來西亞	31.6%
美國	31.3%
新加坡	21.6%
印度	18.2%
中國香港	16%
日本	15.5%
中國內地	14.8%
韓國	12.8%
沙特阿拉伯	3.5%

1　來源為：MSCI Women on Boards Progress Report 2022

國家	2022 年女性董事占比
科威特	2.9%
卡塔爾	0

從 MSCI 的資料中可以看出，總體而言，歐美發達國家在女性董事占比方面領先於世界其他地區。2022 年 10 月歐盟正式立法，明確提出到 2026 年，女性董事占非執行董事比例須達到 40%，占所有董事比例須達到 33%。

除了監管機構，許多非政府組織、民間團體、大型機構投資者對這一議題表達了關注，積極推動提升女性董事會成員占比，甚至明確提出了具體的奮鬥目標，比如「30% 俱樂部」，明確把目標定在提升女性董事占比至少達到 30%。

香港是亞洲主要金融中心之一，也是全球主要的國際金融中心之一，但香港女性董事占比明顯低於西方主要發達國家。一些香港企業將此現象歸咎於「很難找到合適的女性董事」。實際上，在許多行業中不乏優秀的女性，例如在會計師事務所、律師事務所、大型金融機構、企業、政府機構等多個領域，許多優秀的女性擔任高層職務。一些企業認為「很難找到合適的女性董事」，一方面是主觀上先入為主，認為身邊沒有合適的女性董事候選人；另一方面許多上市公司在物色潛在董事時，沒有認真分析董事會整體所需的技能和經驗，並與現有的董事會成員技能和經驗做出比較，以決定董事更迭時需要保持或補充哪些技能和經驗。許多上市公司沒有制定正式的董事接續和繼任計劃。董事候選

人來源主要依靠控股股東和／或高管的朋友圈人脈關係，而女性傳統的社交方式與男性不同，所以可能沒有與之產生交集。但這並不代表社會上、市場上，甚至跨境跨地區真的就不存在優秀的女性董事候選人。

　　彌補上述缺陷的方法有很多種。其中一種方式是通過專業顧問公司（即獵頭公司）幫助上市公司尋找合適的女性董事候選人。獵頭公司掌握着較為廣泛的人才資料庫，可以按照上市公司的要求篩選和提供候選人名單供公司選擇。如果上市公司因各種原因不願聘請獵頭公司提供協助，上市公司還可以通過非政府組織獲得協助，許多非政府組織、專業機構等定期安排關於提升女性董事占比的專題會議，上市公司可以積極參加，從中也可以結識和獲取潛在女性董事候選人的資訊。

　　市場上其實並不缺少優秀的女性董事候選人。只要有意識地、有計劃地去尋找適合的女性董事候選人，相信上市公司會發現它們可以獲得合格的、可以為企業發展作出貢獻的女性董事。在以下案例中，在獵頭公司的幫助下，大型上市公司篩選了 50 名女性董事候選人，從中選取新任董事。

案例 8：大型上市公司一次就獲得了 50 名女性董事候選人

　　某大型上市公司定期審視董事會成員組成，提前規劃董事繼任計劃。他們明確希望增加女性董事占比，同時也希望在多個領域獲得新

的技能和經驗，增加董事會成員的互補性。該上市公司決定聘請經驗豐富的獵頭公司，協助物色合適的董事候選人。獵頭公司根據客戶的要求，先行做了潛在候選人的篩選，並提供了長達 50 人的女性董事候選人名單供上市公司進一步篩選。

上市公司的董事會主席及提名委員會成員經過仔細篩選，最終選定了四位女性董事，四位董事的背景、經驗和技能各不相同，可以從不同的角度為上市公司的董事會帶來新的視角，補充新的血液。

從這個案例中可以看出，上市公司可以獲得足夠的女性董事候選人並從中作出篩選，找到自己所需要的董事。

政府和監管機構需要採取行動，進一步促進上市公司董事會性別多元化。除此之外，大型、成熟的上市公司應該走在市場的前列，優秀上市公司應該樹立榜樣，這樣可以進一步促進其他上市公司有意識、有計劃地調整董事會成員中女性董事占比。

女性董事可為上市公司帶來不同的視角，經驗和知識。現代職場中的女性在自我發展的道路上可能遭遇的困難並不比男性少，除了和男性一樣需要應對和克服各種障礙和挑戰，她們還需要應對社會的預期、習慣性思維、傳統文化等因素。女性的發展之路會遇到許多和男性不同的挑戰和障礙，因此，女性董事的視角和經歷會與男性有所不同。

MSCI 指數公司曾經做過幾項調查，其中 2015 年和 2016 年 MSCI 發表了一些研究報告，以 2015 年報告為例，女性董事占比較高的上市公司平均股本回報率為 10.1%，而

沒有女性董事的上市公司平均股本回報率為 7.4%[1]。

關於這組資料可能有兩種解讀方式：一是女性董事可以為上市公司帶來不同的視角和經驗，助力企業創造更高的價值；另一種解讀是市場表現優秀的企業更開放地接納和吸收女性加入董事會。雖然這些資料，可能需要經過更長時間才能在市場上獲得進一步的驗證，但從人文的角度，相較於封閉、排斥、不接受有異於陳舊社會傳統的任何變革因素，一個開放、包容、平等、任人唯賢的企業文化，更勝一籌，更得人心，會助力企業取得成功，是不難理解的。即使到了二十一世紀的今天，仍有不少企業採納的人力資源政策和實施的日常管理未能對男女性員工一視同仁，提供「平等機會」，更談不上積極鼓勵女性員工的發展。雖然，看上去這些不平等政策只是針對女性員工，只會引起女性員工的不滿，但事實上男性員工也會同樣感到不滿。原因是只要企業不能公平公正地對待所有員工，企業的文化和價值觀中必有孕育不公平的土壤。這樣的土壤今天可以不公正地對待女性員工，他日就可以不公正地對待任何一個特定的社群或某一些員工。員工對企業的認知是敏銳的，如果企業缺乏「包容」與「公正」的文化，就難以真正讓員工產生認同度和歸屬感。

在職業生涯中，作者有幸和許多女性董事一起共事，她們來自不同國家、具有不同行業和專業背景，但都經驗豐

1　來源為：MSCI 2015 年所發佈的報告

富、認真履職，且都是各自領域中的佼佼者。她們各自的經歷和技能對公司十分有益，可以為公司的發展與進步做出貢獻。許多女性不僅加入董事會，而且還出任下屬專業委員會的主席或出任董事會主席。雖然每個人的成長經歷、教育背景、行業背景都不同，女性董事的共同特點是：履責認真，工作細緻，開會前認真審閱董事會材料，認真參與討論，盡職盡力地完成董事會賦予的職責，而且一些出色的女性董事思維敏捷，口才出眾，對管理層提出高質量的、富有建設性的建議或質疑。

在共事的董事中，有多位女性在不同的大型上市公司中出任董事會主席。這些女性董事會主席，雖然風格不同、背景不同、種族不同，但都展現出了卓越的領導力和魄力。有些女性在企業遭遇前所未有的挑戰時被賦予使命，出任董事會主席，起到了很好的凝心聚力的作用；有些董事會主席所領導的企業遭遇了嚴峻的挑戰，這些女性董事會主席均能夠頂住巨大壓力、沉着應對，領導企業度過難關；有些女性董事會主席敢於挑戰約定俗成的「既有現狀」，敢於對傳統思維和做法提出質疑，敢於探索男性前任未曾思索過、探索過的道路。她們所表現出的才華、毅力和魄力都非常令人尊敬和欽佩。

女性就業已是現代社會非常普遍及正常的現象，但由於種種原因，女性作為高管和公司董事依然是少數。為落實董事會成員中女性董事占比，首先需要鼓勵更多的女性在企業和各種機構中擔任高管職位，這樣就會有更多的女性最終

加入到董事會中。一些上市公司將增加女性就業，增加女性高管和增加女性董事等納入了公司的關鍵業績指標。一些上市公司有計劃地增加女性員工與女性公司高管和董事的接觸，鼓勵女性員工積極發展職業生涯，希望有更多的女性可以發揮她們的才能，貢獻她們的智慧。工程建設是一個傳統由男性主導的行業。一些西方工程公司非常重視培養女性工程師，在公司內部成立了女性工程師的交流平臺。當董事訪問公司現場時，專門請董事會中女性董事抽出時間與女性工程師座談，講述董事們的經歷和感受，鼓勵更多的女性員工追求職業生涯發展。而女性員工看到身邊有其他女性成為公司高管、公司董事，也更激發她們積極向上，拓展自我。無論是開拓人力資源的潛力和智慧，還是樹立正面積極的公司文化與氛圍，提倡女性員工積極向上對企業發展具有正面意義。

鼓勵女性員工積極發展職業生涯，不僅是為了提倡高管和董事會性別多元化，更是為了發展積極與正面的企業文化。在鼓勵女性員工發展的同時，一個「任人唯賢」，「以能力和貢獻評價員工表現」，「積極為員工創造和提供發展機會」的企業對男性員工也同樣具有更強的吸引力，有助於企業建設開放、包容的文化。

董事會性別多元化對企業發展具有正面意義。董事會成員多元化除了為董事會補充不同的技能和經驗外，更主要的是助力企業樹立包容並蓄的文化，這是企業重要的軟實力之一。

三、具有共同的價值觀

　　多元化是指工作經歷、經驗、專長、技能、性別、教育背景、種族等方面的差異與不同。董事會成員多元化可以協助公司建立多元與包容的文化，從董事會多元化，延伸到管理層和員工隊伍多元化，而多元與包容也為企業鼓勵創新、吸引優秀人才提供了重要的文化基礎與氛圍。董事會多元化可以讓上市公司獲取盡可能寬廣的視角和經驗，協助上市公司在決策時能從不同維度、不同角度考慮問題，作出獨立且最佳的判斷，這樣的企業在競爭中會獲取更大的優勢。

　　但多元化並不是漫無邊際的，而是基於共同的核心價值觀。誠實守信，遵紀守法，恪守良好商業道德，做良好的企業公民等，這些都是企業的核心價值觀。董事會是一個集體，它的成員儘管在許多方面可能表現出不同和差異，但作為一個集體，董事會成員共事的基礎是基於共同的價值觀。

　　舉例說，如何平衡公司的短期利益與長期價值創造？如何平衡公司對環境和社會的責任與公司短期業績表現？公平公正地對待社會、社區和員工，執行更高的環保標準可能會使企業短期承擔額外的成本，這值得嗎？為了商業利益和業績表現，可以在一些操守方面「暫時地」「睜一眼閉一眼」嗎？這些都是基本價值觀問題。

　　只有當董事會成員基本價值觀一致時，大家才能發揮不同的技能、經驗與背景，為了一個共同的目標，共同努

力。如果董事會成員基本價值觀不一致，那麼董事會成員的技能與背景多元化就不一定帶來正面的效果，反而會讓董事會在許多問題的判斷上出現分歧，甚至出現較大的、難以彌合的矛盾，所以，作為一個集體，首先董事會成員需要認同和遵守一致的價值觀。

對於上市公司和新任董事而言，是否具有共同的價值觀，這需要做雙向的判斷。非執行董事在加入公司董事會前，需要通過公司網站、年報、新聞媒體等多方面獲取有關公司的資訊，對公司的業務、風格、文化等作出基本判斷，以確定自己的基本價值觀是否與上市公司及其團隊相一致。同時，上市公司在判斷董事候選人時，也需要根據該名董事的背景、口碑、通過面對面溝通、詢問過往曾與其打過交道的人等多個渠道，了解董事的聲譽和為人，確保該名董事加入董事會後不會在基本價值觀方面與公司及董事會產生重大的出入與分歧。

四、評估董事技能

上一章講述了董事會或下屬提名委員會應定期討論並清楚地知道上市公司董事會作為一個集體應具備哪些經驗、技能、知識和專長，對上市公司發展最為有利。 這一章強調了董事會成員技能與背景多元化，有利於企業的發展。與之相關聯的下一步工作就是上市公司應建立工作程序，識別

現有董事會成員所具備的各種經驗和技能。對比之下，上市公司可以清楚地看到董事會成員組成在哪些方面還有短板，尤其當董事出現更迭，需要聘任新董事時，可以作為篩選潛在董事、物色和選聘新董事的一項重要考慮因素，指導公司有意識、有計劃地去彌補這些技能和經驗短板，助力公司取得更好成績。這些工作聽上去很繁瑣，不過在實踐中一旦建立了適當的工作程序，完成這些任務是不困難的。

如何系統地評估董事會所擁有的經驗和技能？可供參考的方法之一是公司秘書或董事會秘書組織全體董事填寫問卷，問卷應列出公司認為重要的技能和經驗，組織董事根據自身的經歷、經驗、技能、教育背景等，由董事會成員填寫，進行自評，並據此統計董事會作為一個整體，在哪些方面具有充分的技能和經驗，在哪些方面有所不足。

有些市場的上市規則要求董事會披露他們的經驗和技能，有些市場的上市規則在這方面沒有做強制性要求。無論是否有強制性要求，上市公司可以通過年報對外公佈董事會所具有的技能和經驗，以供市場了解。如果上市公司決定對外披露董事會成員所具有的技能和經驗，公司只需要披露董事會作為一個集體所具備的技能和經驗，而不需要針對每一個董事做單獨披露。董事會是作為一個集體，領導與服務上市公司，監察業務，盡職履責。董事會技能和經驗在哪些方面有短板，為提名委員會和董事會在識別潛在董事時，應注重獲取哪些新技能提供了參考依據。

評估董事會所具備的技能和經驗，乍一聽有些上市公

司可能會覺得這是一項複雜而費時的工作。 其實，評估董事會技能和經驗並不複雜。一旦設計了評估問卷，上市公司只需要定期根據戰略、市場變化、業務需要等重新審視、更新，定期(例如每年)發給董事會成員填寫，並統計結果。

　　以下列舉了上市公司在衡量董事技能與經驗時，可考慮使用的一些維度。每個公司的業務、發展階段、核心能力等非常不同，沒有千篇一律適用所有公司的問卷，公司秘書或董事會秘書需要根據上市公司的具體情況，設計並完善有關的問卷。

圖表 3：上市公司董事會作為一個集體通常應具備的技能和經驗

評估維度	內涵
領導力和公司治理	具有在大型機構 (包括企業、行業或政府機構等) 擔任高級領導職務的經歷，並取得成功的業績，踐行了高水準的 (公司) 治理
轉型創新	在變革中識別戰略性機遇，引領企業成功轉型
企業文化	引領企業文化建設，使企業文化與公司的使命和價值觀相一致
與外部利益相關方溝通的能力	與外部利益相關方溝通的經驗和能力，並能與之建立持久關係
戰略	引領公司戰略，具有戰略發展、資本配置與大型交易的經驗
法律與風險	踐行風險管理最佳實踐、建設合規性文化
財務與金融	全面了解財務會計、財務報告和內部控制，具有專業資質

評估維度	內涵
人力資源	具有人力資源管理方面的經驗，包括人才培養、評價與激勵等方面的經驗
ESG（環境、社會責任與公司治理）	具有作為高管去評估、推動與管理可持續發展方面的經驗
新興技術	具有新興技術領域的經驗，例如數字化、新能源、人工智能等（具體內容需根據公司業務決定）
國際業務經驗（如果是跨國企業或公司具有拓展海外市場的重大計劃）	具有在全球其他地區工作與生活的經歷
行業經驗	具有上市公司主營業務或新興業務領域的實踐經驗

根據上表列出的維度，附錄 1 提供了一份董事技能與經驗自評問卷的樣本節選，供讀者參考。為了讓董事們在自評時可以參照相對統一的標準，公司應對有關打分、評級作出定義和闡述，以供測評者了解。比如，董事們在自評時，何為「具有豐富的經驗」？甚麼情況下應當自評為對某個領域「有所了解」？詳情，請參考附錄 1。

各位董事填寫了自評問卷後，公司秘書或董事會秘書負責將所有董事自評結果匯總在一起，統計公司在每個重要領域所具備的經驗和能力的平均表現。有些董事在某些方面非常擅長，而在另一些領域可能經驗較少，這是非常正常的現象。但如果董事會集合在一起在某些領域的技能和經驗值偏低的話，董事會需要結合業務發展和公司戰略等，適當考慮補充和加強在這些領域的能力和經驗，在董事出現更

迭時，注重獲取在這些方面具有較強能力和經驗的新董事。

在自評時，有些董事可能對自己所具備的能力和經驗信心滿滿，而有些董事可能比較謙虛，各位董事自評打分的尺度會有所不同。這也是正常現象。公司秘書或董事會秘書需要將董事會作為一個集體在各個領域的能力和經驗在會上與全體董事分享，大家可以對自評結果做一個回顧，看自評結果在某些領域是否具有明顯的不合理性。同時，上市公司應要求董事們保留相關的支持性文件，如資歷、學歷、專業機構頒發的證書、參與培訓的記錄等。

第五章

董事會成員職責（二）

　　在組建董事會時，上市公司應遵循良好的公司治理原則，董事會大多數成員應為非執行董事，而非執行董事中大部分應為獨立非執行董事。

　　執行董事，是指由公司管理團隊成員出任董事，他們既是董事會成員，也是管理團隊成員，負責公司的日常運營和管理。許多西方公司的董事會章程規定，首席執行官是必然的董事會成員。一些上市公司任命公司的首席執行官和首席財務官出任執行董事，而有些上市公司只任命首席執行官出任執行董事，也有一些企業任命多名高級管理團隊成員出任執行董事。

　　非執行董事，是指沒有擔任公司管理團隊職務、沒有參與日常經營管理的董事。非執行董事中，具有獨立性的董事稱為獨立非執行董事。上市規則對董事獨立性判斷作出了明確的規定，比如，未在上市公司所屬的同一集團擔任任何職務；並非控股股東的高管人員或其他僱員；之前兩三年內沒有擔任過上市公司審計師、律師等專業顧問；未持有上市公司股份或所持股份占比很小，不足以影響其獨立性；未在過去兩三年內擔任過上市公司管理團隊任何職務等。

一、董事職責

董事會職責之一是監察管理層的表現，因此董事會與管理團隊的重疊不宜過大，執行董事人數不宜過多。否則獨立董事的聲音和力量可能很弱小，無法發揮出應有的監督職能。

執行董事的主要職責

執行董事的身份為高級管理團隊成員，其主要職責包括：

· 完成業務計劃和經營目標，跟蹤業績表現，及時採取管理措施；

· 制定公司戰略和商業計劃，提交董事會批准；

· 負責公司戰略和商業計劃的執行與落地；

· 向董事會提供及時、準確、高質量的資訊，以支持董事會決策；

· 及時向董事會報告所需上報的事項；

· 制定風險框架，並提交董事會批准；

· 確保公司合法合規，確保內部控制和風險管理的有效性。

非執行董事的主要職責

· 對公司業務和管理層表現提供獨立的監察；

· 對管理層提議的戰略和業務計劃提出建設性的意

見，以獨立的思維提出必要的質疑和挑戰，最終形成經董事會批准的公司戰略和規劃；

・建立風險管理、內部控制和公司治理體系，確保公司具有恰當的體系與制度，可識別、評估和管理風險；

・認真、積極地參加各項董事會的會議和討論，運用自己的經驗、知識與洞見，行使獨立的判斷，加強董事會的集體決策；

・對管理層提出建設性的質疑和挑戰，並提供所需的支持。

執行董事與非執行董事的共同職責

・為企業最佳利益行事，推動可持續發展，平衡公司短期與長期利益，追求企業長期、可持續的發展與成長；

・發展、評估和跟蹤企業文化、使命和價值觀，確保它們與公司戰略相一致；

・確保公司符合法律和監管的規定；

・審視董事會成員組成並制定適當的繼任計劃；

・監督公司高管的任命。

要使董事會高效運作，執行董事與非執行董事需建立良好的互信合作關係。非執行董事應當支持執行董事對日常運營和業務的管理，但不應從事應該由管理團隊完成的日常管理工作。

二、對非執行董事的要求

非執行董事，尤其獨立非執行董事，在公司治理中起着重要的作用。良好的公司治理對非執行董事有哪些要求？

行使獨立的判斷，作出獨立的決策

非執行董事與執行董事一樣對公司事務負有受託責任，需勤勉地履行職責和義務。非執行董事不參與公司的日常業務運營，但需要對公司業務作出獨立的監察，對管理層提出的戰略與規劃、商業計劃、重大投資計劃、運營情況報告等，非執行董事需要行使獨立的判斷。例如，對執行董事和管理層提交的重大投資建議，非執行董事需行使獨立的判斷，對管理層的提議提出建設性的質疑和挑戰，比如該項重大投資是否符合公司的發展戰略？管理層是否全面考慮了公司面對的各種主要風險？公司是否擁有足夠的財務資源、人力資源和管理經驗，可以成功地實施相關的投資項目？公司過往的經歷中對類似的投資有哪些值得借鑒的經驗和教訓？在討論和決策的過程中，對於執行董事和管理層的提議，非執行董事應當聽取管理層的介紹，及管理層對非執行董事提出的問題所給予的回應，並在表決和發表意見時，作出獨立的判斷和決策。

就管理層提出的建議和方案，非執行董事需要提出富有建設性的挑戰、質疑和建議。甚麼才可以稱得上是「具建設性」的挑戰、質疑和建議？這就要求非執行董事所提出的

質疑和建議不是空洞無物，為挑戰而挑戰，為質疑而質疑，而是提出具有質量的挑戰、質疑和建議，比如基於非執行董事豐富的經驗、廣泛的閱歷，包括與管理層有所不同的背景和經歷，提出管理層可能忽略的、未曾涉及或思考過的領域，而這些建議對管理層而言具有很好的參考價值，啟發他們的思路，或提出可供他們參考的路徑和方法。總之，要想提出「具建設性」的挑戰、質疑和意見，要求董事不僅在某些自己擅長的領域積累了豐富的經驗，也要求董事不斷與時俱進，並能夠洞察管理層的動機、理解管理層的想法和出發點，能夠換位思考，能夠真正作為管理層的「良師益友」，給他們提供所需的支持。

關於非執行董事行使「獨立的判斷」和「獨立的決策」，一些上市公司可能並不完全接受。有些上市公司的控股股東及管理層，可能非常擔心獨立董事會提出「質疑、挑戰和建議」，他們擔心這會令管理團隊的一些建議無法獲得通過，或者關聯交易無法得到批准。因此，他們的潛意識裏並不希望獨立非執行董事「太獨立」。在篩選獨立董事時，「聽話」、「不找麻煩」可能是最重要的考慮因素。這正說明公司治理不是條文、條例或規則，而是文化、理念和原則。所奉行的治理理念不同，即使 ESG 報告指出公司治理的每一條都符合上市規則的要求，但其實這可能只是字面上符合要求，不能說明公司已經真正落實了良好的治理實踐。

「聽話」、「不找麻煩」的獨立董事，對上市公司、控股股東和管理層最大的害處直接體現在風險控制方面。如果

獨立董事不獨立地去思索和決策，而是本着「不找麻煩」的原則，對管理層提出的各項建議，「人云亦云」，不假思索地一概予以支持，這種不質疑、不挑戰的態度，導致非執行董事不會給管理團隊、執行董事提出必要的建議和提醒，很有可能會導致決策失誤。這些失誤的受害者包括股東和管理層。因此，控股股東和管理層應該具有吸納不同意見的胸襟和理念，應該唯恐獨立董事沒有「知無不言、言無不盡」，應該歡迎獨立董事提醒、質疑和挑戰，把這些當作是協助管理層，甚至是保護管理層的又一道防線。實際上，如果上市公司真正挑選了優質的非執行董事，他們應具有良好的素質，擁有豐富工作經歷、學識和良好修養的獨立董事，不會「飛揚跋扈」，不會「無理取鬧」，是完全可以合作相處的。

上市公司在運營過程中，會遇到各種利益衝突，比如公司與控股股東、公司與管理層、股東與管理層等各具有不同的利益訴求。有些利益衝突清楚地被納入了上市規則規管的關聯交易範疇，有些則是更為隱形的利益衝突。獨立非執行董事的重要作用之一，是管理利益衝突，所以他們應當保持獨立性，在管理上市公司利益衝突時，行使獨立的判斷。

說到利益衝突，一些上市公司的控股股東和管理層傾向於在朋友圈裏尋找並任命非執行董事就是為了避免獨立非執行董事對關聯交易「問東問西」。這種想法是得不償失的。稍具規模的關聯交易都要按照上市規則向市場披露，市場會對關聯交易的安排作出判斷，同時市場會通過上市公司的各種行為，包括業績、資訊披露、社會責任等多方面，

從不同的角度衡量公司治理，尤其機構投資者、分析師對企業的透明度、治理水準等都有直觀的感受，會形成自己的判斷。如果市場對上市公司所從事的關聯交易不滿，不認可公司在重要事項方面的資訊披露透明度，這些都會影響市場對公司股票的價值評估。市值損失難道不重要嗎？股票價值被壓低，很可能令股票喪失它作為對價支付工具的意義，上市公司也可能因此喪失了更多的市場機會。股票價值被低估，首當其衝受到傷害的就是股東。所以公司治理是價值創造的重要組成部分。

批准公司戰略

　　董事會負責批准公司戰略。戰略決定了公司未來的發展方向和重點投資領域，對企業成敗至關重要。非執行董事應該為公司制定正確的戰略作出貢獻。一些上市公司董事會對戰略的審核非常簡短，而一些大型上市公司董事會每年會固定拿出一次會議專門討論公司戰略，讓管理層與董事會成員就公司戰略展開充分討論，聽取非執行董事對公司戰略所提供的意見和洞見。非執行董事應確保所制定的戰略與公司的使命和價值觀相一致。非執行董事在批准公司戰略，確定公司戰略方向時，需要平衡公司的短期需求和利益，及長期的可持續發展。

監督管理層表現

　　非執行董事的職責之一，是監督管理層的表現。非執

行董事應對公司業務實施獨立的監察，對執行董事和管理層在執行公司戰略、落實既定目標、經營公司業務方面的表現，予以獨立的監督，讓管理層對其表現負責。董事會應持續跟進高管的表現，特別關注他們在執行公司戰略和目標方面所取得的進展情況。高管的表現，應與其職業發展和薪酬掛鈎。董事會必須在薪酬制度中明確，如果高管出現違反公司制度、違反良好商業道德的行為，即使當年發現的有關事件發生在過往年份，公司仍然需要根據制度，追繳對有關高管在相關事發年度已經發放的部分薪酬和獎勵，並對有關人士採取進一步的紀律措施。

確保財務資訊的真實與準確

　　董事會作為一個集體，需確保公司的財務報表真實、準確地反映了公司的財務表現和經營狀況。非執行董事和執行董事一樣有責任確保財務資訊的準確性和完整性。非執行董事需要對管理層所建議採用的，一些直接影響公司財務表現的重大會計政策和處理方案，實施有效的監督。比如，壞賬計提和撥備、重大資產公允價值的計量等。雖然董事會通常將審核財務報告方面的職責，交由審核委員會具體負責，但最終，審核委員會需將財務報告提交董事會批准。因此，所有非執行董事都應該對財務方面的知識有些基本的了解。

實施有效的風險管理

董事會整體對公司的風險管理負責，需確保識別公司所面對的重大和主要風險並採取有效的應對措施，實施有效的風險管理。有些上市公司董事會設立了專門的風險委員會，將風險管理的職責交由風險委員會負責，有些上市公司則將審核與風險管理合併為一個專業委員會。近些年市場環境風雲變幻，許多大型上市公司開始將審核與風險單獨設立為兩個專業委員會，加強了風險識別和管理。風險管理是上市公司面對的重要任務之一，全體董事應對公司經營環境中所面對的重大、主要風險有較好的理解，以確保管理層已充分識別了相關風險，並採取了有效措施。非執行董事應確保公司已建立了有效的風險管理體系和內部控制系統，並持續跟蹤，確保有關體系持續健全有效。

保持與利益相關方的溝通，建立和維護良好的關係

非執行董事履責不能局限在公司總部董事會議室，需要建立對業務的良好理解，需要建立和管理層的溝通渠道，以便雙方及時溝通和了解資訊，需要識別其他重要的內外部利益相關方，如行業主要的監管機構、公司股東名冊上的大型機構投資者、重要客戶、員工、重要供應商等。

非執行董事需要了解公司的業務。除了獲取管理層提供的報告、董事會材料、有關上市公司的新聞媒體資訊外，董事會應該有計劃地訪問公司業務的一線，到公司運營的市場中去，和公司一線的團隊和員工見面，感受和了解員工的

士氣、企業文化、聽取當地管理團隊介紹公司的經營和發展狀況及主要競爭對手的情況。訪問業務現場對董事履責非常有幫助，可以直觀地看到公司的工廠、生產線、見到員工、甚至與主要客戶碰面、與當地政府或主管機構見面等。訪問現場的行程可以安排得非常緊湊，所佔用的時間並不多。

和管理層建立董事會議室以外的溝通渠道也非常重要。一方面，管理層可以隨時借鑒董事在某些方面的經驗和可提供的協助，聽取他們的意見，同時也有助於董事從各個側面感受公司業務的進展、公司的文化氛圍等。

董事會應識別公司重要的內外部利益相關方，並確保公司與之建立適當的溝通渠道和溝通方式。以下列舉了上市公司的一些重要利益相關方及董事會通常可以採取的溝通方式：

客戶

傾聽客戶的聲音，可以讓公司更有效地了解客戶的需求，及他們所面對的困難和挑戰，更好地為客戶提供支持與服務，與客戶建立長久和富有成效的合作關係。傾聽客戶的意見，可以通過與客戶的互動、調研、社會媒體及請管理層定期彙報從投訴渠道獲取的來自客戶的反饋資訊等。一些公司的董事會，會通過召開座談與餐敍的方式與主要客戶建立溝通。一些公司的董事會在訪問業務現場時，會組織董事與重要客戶見面，了解客戶對公司提供的服務與產品的反饋

意見，同時鞏固和加強與客戶的聯繫。

員工

公司能否成功地執行戰略，取決於公司能否調動具有經驗、技能和專長的員工隊伍去實現戰略目標。董事會需要傾聽員工的聲音和反饋，需要建立適當的渠道，通過各種方式與員工隊伍建立直接的溝通。一種方式是董事會與公司高潛質人才建立溝通渠道，這樣可以直接了解員工的想法，同時了解公司後備人才的情況。另一種方式是定期組織董事會走出會議室，來到公司業務的一線訪問現場，在現場訪問中，董事們有機會接觸基層員工，聽到他們的想法和意見。

供應商

供應鏈是近些年許多大型企業關注的重要話題。公司需要與供應商建立互惠互利的長期合作關係。董事會需要關注公司是否過分依賴某些重要的供應商，有沒有足夠的後備渠道，公司的供應鏈會否因受到某些事件的影響而同時癱瘓，公司的供應鏈是否具有足夠的韌性和廣度。如果公司業務非常依賴個別主要供應商，董事會應將其視為一項重要的運營風險，及時要求管理層採取措施，確保公司在有需要時能有合適的替代者。董事會需了解和判斷公司供應鏈的整體可靠性。

投資者

上市公司需與投資者建立並保持持續的溝通，傾聽來自投資者的意見。與投資者保持溝通的渠道和方式多種多樣。執行董事會定期參加與投資者的見面會，也會通過業績發佈會等方式與資本市場保持溝通。執行董事還經常參加路演，作為工作職責的一部分，和投資者見面，回答他們關於行業和公司業務相關的問題。

全體董事應出席股東大會，與出席會議的散戶投資者、專業投資者等見面交流。西方一些上市公司的非執行董事會主席，每年會在股東大會召開前，與投票顧問機構和部分機構投資者見面溝通。這些公司往往具有較為分散的股權結構，單一大股東持有的股份沒有達到 50% 以上。為使各項議案可以在股東大會上得到股東的支持順利通過，這些公司的非執行董事，包括主席，有時還包括副主席、專業委員會主席，會和投票顧問機構代表及部分大型機構投資者在股東大會前見面溝通。

除此之外，目前的市場慣例，是非執行董事基本沒有義務或責任和投資者（比如公司股東名冊上的主要股東）見面。近年來西方國家開始有些微弱的聲音，有些機構投資者在討論非執行董事是否需要與機構投資者見面。對此，很多上市公司、非執行董事都認為暫無此必要，擔心機構投資者會提出很多關於行業或業務的具體問題，超出了非執行董事的職責範圍，所以到目前為止對此表示支持的聲音並不多。

不過，如果機構投資者或投票顧問機構能夠明確闡述：

（1）他們和非執行董事見面不是要通過非執行董事去了解行業和業務的資訊，很多業務細節不應該由非執行董事去回答，日常業務管理是執行董事和管理層的責任；（2）與非執行董事見面是為了了解他們對公司治理的理解和落實，了解非執行董事對公司業務所履行的監察責任，比如了解獨立非執行董事對處理利益衝突的做法和理念。在這種情況下，機構投資者和非執行董事見面是有好處的，相信可以提升整體上市公司的治理水準。如果公司治理未來朝這個方向發展，非執行董事需要履行的職責和義務又多了一個範疇，增加了非執行董事的工作量和面對市場的壓力。

案例 9：非執行董事與投票顧問機構保持溝通

A 公司在境外上市，單一最大股東持股不到 30%。要使每項提案在股東大會上均獲得通過，A 公司必須獲得機構投資者的支持。很多機構投資者使用投票顧問機構的服務。投票顧問機構專門負責審核各上市公司提交股東大會和特別股東大會表決的議案，通過他們專業隊伍的分析，提供「支持」或「反對」的顧問意見，供機構投資者參考。有些機構投資者會直接根據投票顧問機構的意見投票表決，有些機構投資者內部聘請了自己的員工負責審核上市公司提交的議案，投票顧問機構的意見只作為參考。不管怎樣，投票顧問機構的意見都非常重要。

A 公司非常重視股東大會，在股東大會召開前數月已經開始籌

畫與投票顧問機構和主要機構投資者的溝通見面會。在股東大會召開前，上市公司非執行董事會主席，(有時針對投資者關注的主要事項，還邀請部分專業委員會主席，也都是非執行董事)，與主要投票顧問機構和部分機構投資者見面，傾聽他們對主要議題的反饋意見，針對投票顧問機構和機構投資者的疑慮，與他們交換意見，向他們作出解釋，爭取他們對議題的支持。同時聽取股東對公司和董事會運作的反饋意見，改善公司治理，比如關於增加資訊披露的透明度等。

通過每年見面溝通，非執行董事清楚地知道市場關心的議題，也部分接納了機構投資者對公司提出的一些建議。

監管機構

一些上市公司所處的行業受到政府監管，這些企業應定期與監管機構交換意見，及時了解監管機構的反饋意見，從中了解公司在內控、監管等方面是否達到了預期，與行業內其他公司相比，表現如何？監管機構認為行業的主要趨勢有哪些？這些對董事會在評估公司表現，決策公司戰略等方面，會起到正面的輔助作用。與監管機構良好的溝通有助於公司與之建立堅實的聯繫，增進雙方的互信與理解。

在行為與品格方面以身作則

公司文化的基調是由最高層決定的。企業文化對公司能否取得成功起到至關重要的作用。公司需要自上而下地建立文化基調，高層應當以身作則地宣傳和帶動公司的文化

和價值觀。董事會有責任監察公司的文化，樹立與公司核心價值觀相一致的企業文化。董事會成員應始終保持正直，展示良好的商業道德和價值觀，並致力於提升公司治理水準。

董事會在公司文化建設方面應以身作則。非執行董事應當展現的品格和能力包括：客觀的判斷；開放豁達，心胸開闊，樂於聽取不同的意見；誠實守信；面對困難，充滿勇氣；建設性地挑戰管理層；傾聽與溝通的能力；建立互信的能力；與管理層、執行董事及重要利益相關方建立聯繫的能力等。

非執行董事應勤奮履職，關注公司業務，認真審議管理層提交的議題，對管理層的提議作出獨立的判斷，提出具建設性的質疑和意見，對管理層取得的成績及時給予肯定，對公司遭遇的困難出謀劃策，關愛員工，這些都會推動企業文化的發展與建設，促進董事會與管理層建立良好與緊密的工作關係，促進公司業務發展。

案例 10

董事會以身作則，自上而下建立高度重視安全生產的文化

安全生產是各行各業面對的共同課題。對於建築、工程、化工、交通、航空、製造業、能源等行業，安全生產是一個重大風險和管理課題。即使是看上去最無安全生產風險的純「白領」企業，企業依然需要面對員工上下班出行和出差的安全。所以說各行各業都離不開安

全這個課題。增強安全意識、樹立安全文化，董事會有責任為安全奠定基調，並自上而下地推動安全文化落地。

Z公司每天都與各類工程建設打交道，它的業務包括設計、建設、管理、運營等多個方面，安全生產是它所在的行業一個重要課題，必須時刻關注。

Z公司高度重視安全課題。為了讓安全、健康、可持續發展的理念深入人心，將「安全」融入企業文化，董事會以身作則，採取了多項措施。

董事會單獨設立了健康、安全及可持續發展委員會，委員會每兩個月開會一次，每年開會六次，審閱管理層有關安全、健康、環境（以下簡稱「安健環」）及可持續發展方面的報告和資料，監察公司針對安全和健康採取的管理措施，監督公司在可持續發展方面的進展和資訊披露等。

管理層每個月向董事會提交的月度管理報告，首先闡述的永遠是公司在安全方面的表現。董事會開會的第一項議題，永遠是關於安全的話題。針對相關議題，董事會全員輪流宣講，並根據事先排好的順序，在其他需要董事會審議的議程開始前，由一名輪值董事負責講安全與健康相關的話題，只要和安全、健康相關，董事可以自由選材，可以選取自己所知道的有關安全、健康方面的案例，可以講人身安全、員工身心健康、其他企業曾經遭遇的安全事故、全球一些著名的重大安全事故及其根源分析、安全生產相關的管理理論、理念和趨勢及正反兩方面的實際案例，甚至可以是董事自己遭遇的安全和健康問題，如旅行中遇到的健康問題、體育活動或家居生活中發生的安全小事故等，也可以講資訊安全、互聯網安全等。總之，董事可以從任何

一個與安全相關的角度，任意選取話題，提前準備，可以展示演示材料，也可以完全口頭講述，形式完全不拘。

安全是董事會正式開會時必先進行的固定議題。每次輪值董事講述後，大家暢談心得感受。這個環節完成後才進入其他需要董事會審核和決策的議題。

董事會成員每年必須訪問業務現場。去現場的一個重要動因是監察一線的安健環文化，及公司安健環制度的具體落實情況。董事會成員訪問現場前，必須根據公司規定，穿戴好全套符合規章制度的勞動保護裝備，和所有進入現場的員工和工作人員一樣，接受現場安全培訓，根據公司對安全和健康的指引，完成公司的各項要求，包括聽安全要領講解，看安全指引錄像等。董事們的所有舉止行為要完全符合公司對安全生產的規定。

進入現場後，董事需留意現場工作環境、員工的裝備與表現是否完全符合公司的規章制度和安全生產最佳實踐，如發現缺陷，應立即向現場人員指出並向現場負責人查詢。在與現場人員座談時，董事關注的話題包括安全記錄，安全相關的培訓，公司對安全的投入等，充分體現公司對安健環的高度重視，向一線員工和團隊傳遞清晰的安全理念。

除了與日常業務相關的安全，董事會和公司管理層高度重視員工上下班、出差、前往工地現場等各種交通安全，提供專門的視像培訓，組織一系列圍繞員工上下班和前往工地現場的專題安全培訓活動。安全的概念和範疇不斷拓展。伴隨着新冠疫情帶來的種種挑戰，除了員工身體健康，董事會也強調關心員工的心理健康和精神狀態。

經過幾十年的長期堅持，安全已是該公司企業文化非常重要的一

部分，也是企業標誌性的特點。Z 公司安健環表現每年處於行業領先地位，贏得了客戶的信賴。

董事個人不斷持續發展

上市公司在挑選非執行董事時，通常會考慮候選人的成就、經驗、名望與人品等多項因素。擔任公司董事，董事會成員不僅需要貢獻自己的智慧和經驗，同時也是董事個人不斷持續發展、持續學習、持續進步的過程。

非執行董事正式加入董事會履職前，公司秘書或董事會秘書應安排對新加入的董事進行適當的培訓，包括熟悉上市規則，講解監管機構的要求，了解與行業相關的政府政策，公司所在的行業和業務經營情況，以協助新加入的董事儘快熟悉公司業務，妥善履職。

出任上市公司董事是一個不斷學習的過程。非執行董事應確保自己不斷更新對公司戰略、業務及商業模式的了解。除審閱董事會議題材料外，許多上市公司還建立了可供董事參閱的資料庫，把一些行業相關的資訊、來自顧問或分析師的重要報告，及其他管理層認為有助於董事增進對業務了解的資訊放進資料庫裏，讓董事們自行參閱。

隨着對業務的深入了解，非執行董事應制定對持續培訓的需求計劃。例如，各行各業需要應對氣候變化，監管機構、專業組織等對企業應對氣候變化的披露要求不斷更新；新技術、新科技發展迅猛，一些技術與科技的發展與應用，

會對公司所在的行業帶來重大變革；網路安全、數字化、雲技術對公司業務產生影響等。這些都是上市公司董事需要不斷學習的領域。公司秘書或董事會秘書，應收集非執行董事對持續培訓的反饋意見，根據公司業務情況，與董事會主席協商，決定哪些方面是大多數董事共同感興趣的課題，可由公司安排適當的內外部專業人士予以講解，有些課題可以安排董事參加外部機構組織的專題培訓。不少律師事務所、會計師事務所及專業機構就一些市場關注的熱門課題，定期組織專題講座或培訓，感興趣的董事可以報名參加，這些都有助於董事與時俱進地增進對行業及業務的理解。

監督管理層所提供資訊的質量

　　為保障董事會決策的準確性和可靠性，執行董事應確保提供給董事會以供決策的資訊是真實、準確和全面的；而非執行董事，需要確保執行董事和管理層向董事會提供的、供董事會決策的資訊是可靠的和全面的，可供董事會實施有效的監督，以便董事會在掌握足夠資訊的情況下作出決策。董事會所作的決策，首先是基於公司管理層提供的資訊，包括現實情況、預測、分析等。如果管理層提供的資訊太遲、過於簡單、過於繁瑣，甚至出現錯誤，就無法令董事會掌握所需的資訊，也就可能在決策時出現偏頗。如果公司管理層提供的資料與資訊在內容、質量和時間性等方面達不到要求，非執行董事應及時給出反饋意見，向公司秘書或董事會秘書、首席執行官或董事會主席提出，請公司儘快予

以改善。

　　管理層應提前提交會議材料供董事審閱，對於公司預定召開的董事會議（有別於那些因突發事項而臨時召集的會議），管理層應至少提前 5 至 7 天向董事會提交材料。對於臨時召開的董事會議，除非遭遇特殊的突發事項，管理層通常應確保至少提前 3 天向董事們提交資料，給董事們預留足夠的時間，以便董事們審閱材料。

不參與日常經營管理

　　非執行董事不能「陷入」到執行董事或管理層的角色中，不參與公司正常的日常經營管理，不承擔企業高管應承擔的管理責任。非執行董事，主要是監察執行董事與管理層的表現、監察執行董事和管理層對公司既定戰略的執行情況、讓管理層對其表現負責。因此非執行董事不能直接進入管理層的角色，否則公司治理的基本平衡會被打破。

三、非執行董事的報酬

　　非執行董事的報酬應該反映這些董事所承擔的責任，所需花費的時間和精力。如果報酬過低，意味着在上市公司預期中，董事將會花費的精力、付出的時間與所能發揮的作用都較為有限。如果上市公司採取這種方式，一般情況下，上市公司要求非執行董事出席會議的次數不多，所討論的內

容較為簡單，每次會議的時長相對簡短，因此非執行董事對公司發展所能作出的貢獻也較為有限。

有些上市公司則採取另外一種態度，他們希望招募優秀的人才，通過組織董事會、聘用非執行董事，特別是獨立非執行董事，獲取更多它所需要的技能、經驗和視角，使董事會成為一個可以協助公司發展、提升公司治理、幫助公司識別和應對風險，積極應對挑戰的有效集體。這些企業希望通過董事會的運作，把非執行董事的作用發揮出來。

許多人力資源、獵頭公司或會計師事務所等專業顧問公司定期發表研究報告，提供當地市場上市公司董事會的各項統計資料，其中包括非執行董事的薪酬水準，可以作為上市公司的一個參考標準。不同規模和市值的上市公司，對董事會成員的要求、對董事會運作的預期可能不同，上市公司可以從統計資料中獲得不同類別公司的市場平均值作為對標參考。

有一些上市公司除固定薪酬外，還根據非執行董事（包括獨立非執行董事）的表現發放「花紅」，這種做法值得商榷。一方面，上市公司應積極鼓勵全體董事為公司的業務發展發揮作用、作出貢獻。另一方面，獨立董事在董事會中還應發揮非常特殊的作用，尤其在處理利益衝突方面。如果向獨立董事發放花紅，而這些「花紅」是控股股東、公司控制人根據非執行董事的表現決定的，會令市場擔心獨立董事是否能夠保持真正的獨立性，在利益衝突面前，能否真正做到公正地保護獨立股東的利益。

　　一些市場的上市規則，已經不允許向獨立董事發放與績效掛鈎的花紅。獨立董事的職責之一是監察管理層對業務目標的落實情況，他們的報酬不應當與公司績效掛鈎，這樣有可能會影響他們的獨立判斷，令市場擔心獨立董事對公司戰略和業務的判斷是否會傾向於短期利益，未能對管理層實施有效的獨立監察。

　　一些境外上市公司要求獨立董事將一部分報酬，例如相當於非執行董事一年的薪酬，用於購買公司的股票，且在任期內必須保持這部分股票，不得出售，以確保獨立董事能夠站在股東的角度看問題。由於獨立董事無法在任期內出售這些股份，而境外董事任期一般在 9 年左右，這樣獨立董事的判斷角度不至於過於短期。這種做法在亞洲市場較為罕見。

　　根據獵頭公司於 2020 年所做的調查，使用 2019 年年報的資料，按以下類別分別收集了當地市場 50 間市值最大的上市公司的有關資料，包括在香港特區上市的中國內地企業，在美國上市的中國企業，香港特區本地企業，印度企業，馬來西亞企業，新加坡企業[1]。以下摘錄了一部分該份報告所披露的資料。

　　這些亞洲市場董事會結構較為相似，平均人數為 10 人。在紐約上市的中國企業董事會人數最少，平均為 8 人。

　　這幾個市場中大多數上市公司沒有將董事會主席與首

1　來源：WTW，Board compensation in Asia, by Trey Davis, March 17, 2020

席執行官的角色合二為一，而是分由兩個不同的人士擔任。但不少在紐約上市的中國公司（約44%）將這兩個角色由同一人士擔任。約一半的新加坡上市公司任命一位獨立非執行董事擔任上市公司董事會主席，這一做法在其他亞洲市場很少見。

新加坡董事會成員基本報酬的中位數為53000美元，中國香港和馬來西亞分別是39000美元和35000美元。董事會下屬委員會主席在新加坡可以拿到額外26000美元，而香港特區的委員會主席額外拿到21000美元。委員會成員們在新加坡和香港特區都拿到大約15000美元。馬來西亞上市公司的委員會主席和委員的報酬大約為9000美元和5000美元，遠低於新加坡和香港特區。

除了基本報酬，印度、新加坡和馬來西亞還向董事支付會議費，不過，很少中國內地和香港上市公司採用這一方法。馬來西亞（78%的上市公司）和新加坡（65%的上市公司）向董事會成員和委員會成員支付同等金額的會議費，其他市場則根據董事會、委員會、主席和成員等不同類別支付會議費。新加坡上市公司支付的會議費中位數為1460美元，而印度和馬來西亞分別為970美元和480美元。儘管會議費比較低，馬來西亞上市公司開會次數最頻繁，每年平均9次，而印度和新加坡分別為8次和6次。

只有印度上市公司向董事會成員支付短期激勵費，通常按照公式計算，不過也有一些公司支付固定的短期激勵費。這些激勵往往與公司的財務指標掛鈎，這一做法在其他

市場是沒有的。非執行董事很重要的職責之一，就是代表股東監察管理層的表現，如果將非執行董事的薪酬與短期財務指標掛鈎，這會影響非執行董事履行職責。

向董事會成員發放股份或基於股份的報酬（例如期權），在亞洲市場不常見。只有 12% 的新加坡公司和 10% 的中國香港公司，向上市公司董事會成員發放了基於股票的報酬（例如股票或期權）。歐洲公司往往不會以發放股份的方式作為非執行董事報酬，但在某些市場，如美國，向董事發放上市公司股份作為報酬被看成是將董事利益與股東利益看齊的一種手段。

在非執行董事總報酬方面，新加坡董事會報酬最高，平均為 75000 美元，香港特區平均為 64000 美元，中國 H 股（在香港上市的中國企業）平均為 47000 美元，馬來西亞平均為 43000 美元，印度平均為 42000 美元，而在紐約上市的中國公司平均為 34000 美元。美國的非執行董事平均報酬為 300,000 美元，澳洲平均為 50,000 到 80,000 美元，英國非執行董事基本報酬平均為 70,000 英鎊。[1]

與歐美市場相比，亞洲市場非執行董事薪酬較低。在同一個市場裏，非執行董事的報酬和公司規模、業務複雜程度等有一定關係，也和公司控股股東或控制人所秉持的治理理念有很大關係。一些企業在招募非執行董事方面，可能認為獨立董事能夠起到的作用比較有限，組建董事會，聘請非

1　來源：Cartisian Technical Recruitment, 2023 年 5 月 16 日

執行董事，主要還是為了滿足上市條例的要求。不過，也有一些企業非常重視通過各種渠道吸納優秀人才為其服務，包括在選聘非執行董事方面，盡力吸引優秀人才加入董事會，並願意為此付出相對合理的報酬。

案例 11：凝聚優秀人才，組織一流的董事會，為企業服務

A 是公司創始人，自創立以來，公司業務不斷發展壯大，業務延伸到世界各地許多國家和地區。A 是企業的第一任首席執行官，退休後出任上市公司董事會主席。

在企業發展道路上，A 始終注重吸引優秀人才。公司董事會在任命新董事時，注重分析公司所需要的經驗和技能，物色合適的人選，以彌補他本人的技能與經驗不足，彌補董事會技能上的短板，並培養日後董事會主席接班人。

當企業遇到難題和挑戰時，董事會作為一個集體，集思廣益，每個人根據自己的經驗和閱歷，紛紛發表意見，獻計獻策，暢所欲言，助力公司應對挑戰。有些董事非常熟悉資本運作，有些董事熟悉行業，從行業發展趨勢和服務客戶的角度發表意見，還有些董事具有公司所需要的其他經驗和能力。近年來，隨着行業週期、外部環境的變化，公司不斷遇到新的課題，董事會成員既是法律意義上履責盡職的董事，也是主席、首席執行官和管理團隊的最佳顧問。

董事會齊心協力，作為一個集體，領導企業克服困難，儘管經歷各種挑戰，公司不斷發展，在行業持續保持領先。

第六章

董事會成員職責（二）

一、管理利益衝突

利益衝突無處不在。有些利益衝突較為明顯，容易分辨，有些利益衝突可能更為隱形。在上市公司治理中，管理利益衝突是一個非常重要的環節。董事會需要識別潛在利益衝突並妥善地管理利益衝突。

作為一條管理利益衝突的基本原則，任何董事不得參與討論或表決涉及他（她）本人利益的事項。舉例說，執行董事（管理團隊成員）薪酬提交薪酬委員會討論時，執行董事本人必須回避，薪酬委員會成員應由非執行董事、特別是獨立董事組成。再比如說，董事定期需退任再獲提名重選連任。當提名委員會或董事會討論是否提名某位董事在即將召開的股東大會上繼續重選連任，雖然根據董事表現，該名董事獲董事會提名繼續連任不存在甚麼懸念，從良好公司治理的角度，該名董事應該回避相關的討論和表決，最好離開會議室，讓其他董事決策。董事必須回避任何涉及董事本人利益的討論和決策。

董事會需要識別利益衝突，並通過制度和治理程序妥善管理利益衝突。在上市公司運作中，在不同的情況下，大

小股東之間可能存在利益衝突。比如，有些大股東掌握了上游原材料的採購，有些大股東掌控產品的銷售渠道等。大股東通過關聯交易，為上市公司提供產品和服務，這些關聯交易如何定價？主要條款是甚麼？大股東與上市公司之間的關聯交易形式可以多種多樣。關聯交易的條款是否符合市場規範，有沒有侵犯小股東的利益，這些都是監管條例重點關注的事項。在關聯交易把控方面，獨立董事需要履行和發揮重要的監察作用。

　　除了顯著的關聯交易之外，大小股東之間還可能存在一些隱形的利益衝突。比如，一些上市公司的股權結構相對分散，沒有單一的控股股東，一些股東以相對大股東的身份管理和控制上市公司。這些公司可能成為其他投資者的收購標的。如果第三方投資者將上市公司作為收購標的，擬作價收購股權，一旦成功，他們會取代現有的大股東，所持股份超過現有的股東，可以掌控公司的管理。這種情況下，出價是否合理、對公司估值是否合理，只是大股東考慮的一個因素，失去對上市公司的管理與控制可能是更為重要的考慮因素。而小股東考慮的最主要因素可能就是估值，至於失去控制力對小股東而言可能完全不是考慮因素。對此大小股東的利益並不一致。一些西方公司敏銳地察覺到潛在的利益衝突，明確要求如果上市公司收到併購要約，管理層應第一時間如實報告董事會，由董事會作出進一步的決定。

　　管理層與股東之間存在利益衝突。以西方上市公司為例，許多大型金融機構的管理層每年領取巨額薪酬，一場金

融風暴讓這些金融機構面臨破產重組的危機，逼迫政府不得不拿出納稅人的錢來拯救這些瀕臨破產的大銀行，對此民眾感到非常憤慨，由此引發市場對上市公司高層薪酬的高度關注。

企業與政府之間，公司短期利益與長期利益之間、企業與業務所在的社區之間，都有可能出現利益衝突。董事會需要識別並洞察利益相關方各自不同的利益驅動因素。

作為良好的公司治理實踐，董事會成員應每年向上市公司作出利益申報，例如在哪些其他公司包括上市和非上市公司出任董事，在哪些機構（包括企業、政府、非政府組織等）擔任職位。每次召開董事會，在議程開始前，董事們需審視是否在所討論的議題中存在利益衝突。如果在決策事項中存在利益衝突，相關董事必須申報並回避，不得參與討論和表決。

二、關注首席執行官繼任計劃

許多境外上市公司在董事會職責中明確指出，董事會負責聘用和罷免首席執行官。首席執行官帶領管理團隊，負責執行公司的戰略，落實各項業務目標，是上市公司的重要核心人物。那麼境外上市公司通過怎樣的程序選聘首席執行官？

選聘首席執行官

　　首先董事會需要決定企業內部是否具有合適的候選人，還是需要從外部招聘。這個問題對一個勤奮和高效的董事會來說不應該是一個新課題，而是一個在會上曾多次討論過的議題。即使公司沒有計劃更換首席執行官，董事會也應該對內部是否具有合適的候選人具有較為清醒的判斷。

　　有時公司內部有潛在的候選人，但董事會為了充分比選，在篩選內部候選人的同時，也對外部的潛在候選人進行梳理，以供比較。如果企業決定從外部招聘或同時篩選內外部候選人，很多情況下，董事會可能會聘請專業的獵頭公司，讓獵頭公司提供候選人名單，讓企業可以更廣泛地篩選外部候選人。

　　如果董事會認為公司內部具有一個或多個潛在候選人，為了助力公司篩選出最佳人選，也為了讓未來新的首席執行官可以更好地勝任工作，一些公司會請人力資源專家對現有候選人的優缺點，特別是針對候選人的短板做一些專業的輔導，以便這些高管可以清楚地認識到自己的長處和不足。如果公司內部有合適的人力資源專家，內部專家可以承擔這一任務；如果公司內部沒有合適的專家，上市公司可以從外部專業機構中篩選出合適的專家負責提供這方面的服務。這主要是為候選人提供定制的輔導，讓他們能夠更好地適應首席執行官的職責和任務。

　　經過一段時間的輔導，候選人對自己的性格、風格、優缺點有了更清晰的了解，同時也留出了足夠的時間，讓候

選人有機會思考自己對公司業務的想法和計劃，以及希望與董事會溝通的內容。根據時間表，董事會召集閉門會議，聽取候選人向董事會展示他們的計劃和對業務的思考。候選人在宣講之後，接受董事會成員的提問。

董事會全體成員出席會議，在聽取候選人對業務和未來計劃的闡述後，進入問答環節，董事會成員向候選人提問，聽取候選人的回答。每一位候選人都有同樣的時間，確保程序的公平性。

在篩選候選人及評價候選人時，董事會一般情況下都會向現任首席執行官徵求意見，聽取他（她）關於候選人的評述，並提供一些近距離的觀察，比如候選人與主要客戶的關係，與管理團隊其他成員的關係、在員工隊伍中的威信等，供董事會參考。

最後，董事會成員單獨舉行會議，分析每一位候選人的優劣勢，就候選人所闡述的計劃交流看法和評價，並參考候選人過往在業務管理方面表現出來的能力。董事會成員逐一發表意見，並最終就人選達成一致意見，作為董事會關於首席執行官人選的最終決策。

在決定新任首席執行官人選後，董事會可以在輔助他（她）儘快進入角色方面繼續發揮作用，並幫助他（她）逐步走向成熟。上市公司董事會集合了許多有經驗的優秀人士，其中包括一些從其他上市公司或機構退休的首席執行官。董事會可以根據地域、性格、溝通、私交關係等維度，篩選出合適的董事作為新任首席執行官的導師，在董事會正式會

議之外建立渠道，助力首席執行官快速適應和進入角色。在他（她）有需要的時候，或者在他（她）上任後一段時間內，根據具體情況或需要，為新任首席執行官提供「過來人的經驗」，對他（她）在工作上遇到的一些課題予以協助。

首席執行官繼任計劃

由於首席執行官所扮演的重要角色，從風險管控的角度，上市公司必須妥善管理與之相關的風險。比如優秀的首席執行官可能會被競爭對手或其他行業高薪挖角而離開上市公司；現任首席執行官由於年齡、身體等原因，不宜繼續連任；有些首席執行官在服務企業多年後，希望回歸家庭，減少差旅；而有些首席執行官在業績和內部管理方面達不到董事會和股東的預期和要求。因此上市公司應提早做好首席執行官繼任人相關的準備工作。

一些境外上市公司非常重視首席執行官的接班人繼任計劃。即使新任首席執行官剛到任不久，董事會也會在兩三年內將首席執行官繼任人問題納入工作議程，包括在每年評價首席執行官表現時，評估他（她）繼續留任的意向，及了解公司內部現時是否具有合適的潛在繼任者。初期階段，董事會在這方面所花費的時間和精力較為有限，隨着時間的推移，這個議題的相關性和重要性會逐步上升。

在高管繼任人問題上，東西方文化具有較大差異。西方公司習慣於在董事會議上向首席執行官直接了當地詢問關於繼任人的安排與想法，雙方（董事會和首席執行官）對

這個問題均不感到意外或奇怪。對於首席執行官而言，培養和思考繼任人問題是他（她）工作職責的一部分。西方公司最常見的（但在其他人看來可能很奇怪的）發問方式是「如果您不幸被巴士撞倒了，公司是否有合適的繼任人」，或者直接說「關於那個巴士問題，您是怎麼考慮的」。看來這個問題在西方企業發展史上由來已久，大家都習以為常了，因為如果這是近幾年企業界才開始新近考慮的問題，估計西方董事會或商業社會，不會拿巴士說事。

在這點上，亞洲上市公司很少在董事會上直截了當地討論首席執行官繼任人問題，而董事會與現任首席執行官面對面討論其繼任人問題更是少見，大部分上市公司對首席執行官或其他一些重要崗位的繼任人問題諱莫如深。這一方面是由於亞洲社會的上市公司很多都是家族企業，由家族重要成員出任董事會主席，有時兼任首席執行官，有時由家族其他主要成員擔任首席執行官。在這種情況下，董事會很少會參與家族在這些重要人事任免方面的決策。

另一方面，東方文化更多地強調對企業的忠誠，員工（包括高管）應當長期甚至終生為企業服務，談繼任人問題顯得不合時宜。同樣是家族企業，西方許多家族傳承的企業已進入由職業經理人管理的時代，家族成員雖然是控股股東或最大的股東，但公司業務由專門聘請的職業經理人負責打理。總體而言，西方企業似乎對首席執行官繼任人這一類的問題更易於接受。他們理解董事會提出這一問題，並不代表董事會對其履職感到不滿，而是從企業風險管控的角度，從

企業可持續發展的角度，從董事會到首席執行官均有責任識別、培養具有潛力、未來可以接班的優質人才。如果董事會對現任首席執行官不滿意的話，董事會可能會採取其他的行動和路徑，也未必會信任現任首席執行官對繼任人問題的思考和建議。

有些情況下，董事會在評估公司核心崗位繼任人計劃時，通過日常接觸，有些內部候選人已經初步獲得了董事會的認可，可作為公司未來首席執行官的候選人。這種情況下，公司可提早安排潛在繼任者承擔一些更有利於他（她）發展的職責，以便將來他（她）可以更順利地接任首席執行官的工作。每個潛在繼任人的教育背景和成長經歷不同，具體培養計劃涉及哪些方面，需要董事會根據潛在繼任人的具體情況來決定。比如，許多業務運營出身的高管，可能很少與投資者打交道，對董事會運作不熟悉。這種情況下，公司可以將投資者關係相關的一些責任賦予該位人士，有助於他（她）提前有機會接觸這方面的工作。作為首席執行官，與主要股東、機構投資者、分析師等打交道是必不可少的。首席執行官需要定期向董事會報告公司在運營、發展、人事等多方面的情況，與董事會互動，建立互信是許多新任首席執行官需要熟悉和面對的課題。一些潛在候選人過去與董事會接觸可能並不多。這種情況下，董事會需要增加一些與該名人士互動的機會，邀請他（她）列席部分董事會議題的討論環節，讓他（她）熟悉董事會的運作方式，熟悉與董事會的溝通方式。

三、關注高管繼任計劃

上市公司董事會除了需要考慮首席執行官繼任人問題，所有高級行政人員，包括首席財務官、首席運營官、及其他重要或關鍵的管理人員，董事會都需要了解公司是否具有足夠的人才儲備，是否已就繼任人培養作出了適當的計劃。一些上市公司採取的方法之一是人才盤點。由首席執行官牽頭負責，帶領人力資源主要負責人對重點管理崗位及人才進行梳理，列出哪些是公司的核心崗位？在這些崗位上，除了現任高管外，企業是否還有其他可供考慮的人選？如果現任高管離職，公司是否有內部候選人可以繼任，有哪些候選人？這些候選人的成熟度如何？在有需要的情況下是否可以即刻走馬上任，還是需要公司繼續培養一段時間，因他們離接替崗位所需要的技能和經驗還有一定的差距？如有差距，所缺乏的經驗和技能還需要通過一年、兩年、三年或三年以上的培養與實踐才能彌補？有些時候，個別崗位可能企業內部沒有合適的候選人，或者目前員工隊伍中潛在繼任者離這個崗位所需的成熟度相差甚遠。這種情況下，如果這些崗位出現空缺，公司只能安排從外部招聘繼任人。

哪些是核心崗位，因企業而異。通常上市公司盤點的範圍應至少包括首席執行官以下一級和兩級的層面，列出每一個崗位現任及可以考慮的繼任人選，這些人選目前的成熟度（比如已經具備接任的能力；尚不具備但可以在一年至兩年內具備相應的能力；具有很高的潛力，但需要兩年至

三年，或較長時間才能具備相應的能力）。這樣梳理之後，哪些崗位具有內部人才，哪些崗位缺乏內部人才，就比較清楚了。

　　至少每年一次，首席執行官和負責人力資源的高管應當向董事會報告公司高管的繼任計劃，以及公司在人才需求、人才留失等方面的狀況和管理層在人力資源管理方面的主要想法。

四、持續關注高潛質人才

　　人才是企業致勝的關鍵。即使制定了正確的戰略，企業需要優秀的人才來實施。董事會職責之一是確保公司能夠持續吸引一流的優秀人才為企業服務，長期與企業共同發展。人才繼任、人才培養是董事會必須監察的事項之一。通常董事會下屬的薪酬委員會，負責監察公司的人力資源政策和實踐，關注公司人員招聘和人員流失的情況等，並及時向董事會報告。除在委員會或董事會層面討論公司人力資源政策外，董事會成員還應該刻意增加與公司中高層管理人員、高潛質人才和一線員工的接觸。

　　董事會正常情況下每年固定開會大約四到六次，開會時，獨立董事接觸最多的是首席執行官和首席財務官，董事會經常聽取首席執行官關於業務運營情況的報告，聽取首席財務官關於財務狀況、財務業績和融資情況的彙報。有

時部分高管人員也會出席會議，列席部分議題，比如負責戰略、內審、風險管理等方面的管理人員。董事們接觸最多的是公司秘書／董事會秘書。如果不作刻意安排，獨立董事即使履職多年，和上市公司其他中高層管理人員接觸機會依然十分有限。

董事會成員應有意識地加強與公司中層人員的接觸，要求管理團隊識別高潛質人才，建立人才梯隊。一方面確保公司為培養未來的高管作準備，一方面是讓高潛質人才獲得更好的發展機會，未來承擔更大的職責，同時讓董事會有機會了解中層人員的想法，傾聽員工隊伍的聲音。

首先董事會應督促管理團隊識別高潛質人才，在內部建立一個高潛質人才庫。這些員工在他們的崗位上表現突出，具有進一步發展的潛力。

董事會應定期與部分高潛質人才進行交流，交流方式可以多種多樣，例如開展對話交流。選擇公司關注的熱門話題，每間公司可供選擇的話題很多，董事會可以根據他們關心的問題，擬出交流主題，例如氣候變化對公司業務的影響；新科技對公司的影響；多元與包容，公司在哪些方面可以做得更好；公司的客戶正在發生哪些變化，公司如何更好地為客戶服務等。

董事會每年可以抽出部分時間，比如恰逢董事會召開會議的日子，選定一兩個話題作為董事和高潛質人才對話的題目，雙方展開面對面交流，就選定的題目，董事與高潛質人才一起討論。有些跨國企業因業務分佈在不同的國家

和地區，可以通過視頻讓部分不在當地的高潛質人才加入對話。通過這樣的直接對話，讓董事獲得對高潛質員工的直接印象，感受公司中層的能力和士氣，同時就董事會關心的話題，聽取中層員工的想法。有些公司為了讓董事會盡可能多一些機會與高潛質人才接觸，管理層將董事會成員和高潛質人才分成小組，這樣每次交流董事會成員可以接觸到一批中層員工。小組對話結束後，大家再全體集中，由小組代表發言，總結和介紹這個小組的討論情況。

還有一些公司在董事會議期間或董事訪問現場時，抽出半個小時，安排一個對談環節，邀請新入職員工代表、高潛質人才代表等與董事對話。大家沒有事先選定的話題，從雙方自我介紹開始，董事向員工了解他們為甚麼選擇加入這個公司，加入後的感受如何？對職業生涯的發展有甚麼規劃？員工可以向董事提問，請董事會成員根據自己的經歷、經驗給年輕員工提出建議，分享董事們在職業生涯和人生旅途上的經驗和心得，回答他們關心的問題。通常員工對能有機會和董事會成員交流感到興奮，對員工來説，是一個難得的機會，而對董事會成員來説，可以利用這些機會增進對公司文化和員工隊伍的了解。

有些公司利用董事在公司就餐的機會，安排午餐會，邀請管理層、中層員工和/或高潛質員工與董事一起餐敍，安排中層或高潛質人才分享他們的想法，展現他們的才華，增加雙方接觸的機會。通過這些活動，董事們可以直觀地感受到公司人才儲備的情況。

五、對董事獨立性的判斷

非執行董事不參與公司日常業務管理。具有獨立性的非執行董事又稱為獨立非執行董事。如何判斷非執行董事是否具有獨立性？有些非執行董事是控股股東的代表，比如由控股股東從其管理團隊中指定高管人員加入下屬上市公司董事會，有些非執行董事曾經是上市公司剛剛卸任不久的高管，這些人士，由於他們與上市公司種種特殊的淵源，不會被市場及上市條例認定為具有獨立性。由於董事會承擔的角色和職責，比如監察管理層的表現，處理上市公司與控股股東發生的關聯交易或潛在利益衝突等，董事會中需要相當一批董事具有獨立性。

良好的公司治理實踐要求大部分非執行董事應該是獨立非執行董事。國際公司治理實踐的趨勢是任命獨立非執行董事擔任上市公司董事會主席。例如上文提到根據 2019 年公開資料，新加坡約一半的上市公司任命了一位獨立非執行董事擔任董事會主席[1]。

獨立董事在董事會中扮演重要角色，尤其在處理有關上市公司與控股股東存在利益衝突的議題時，獨立董事需起到關鍵作用。判斷和確認獨立董事具有真正的獨立性是公司治理的一個重要環節。

1　來源：WTW，Board compensation in Asia, by Trey Davis, March 17, 2020

　　董事初次加入董事會時，需要對董事獨立性作出判斷和確認，之後每年都需要再次審視和確認董事的獨立性。對董事獨立性的確認，包括認定董事獨立性的理由（尤其有些董事曾經是上市公司的雇員、重要客戶的高管等）需要在董事會或提名委員會的會議記錄中清楚地說明。

　　上市規則對董事獨立性的判斷作出了明確的指引，在確定董事獨立性時，首先需要參照上市規則。香港交易所上市規則列舉了在哪些情況下董事獨立性會被質疑，比如擁有超過 1% 的上市公司股份，在出任獨立董事前兩年內曾出任上市公司或其同一集團公司內其他關聯公司的行政職務，在出任獨立董事前兩年內曾出任上市公司專業顧問公司的董事、合夥人等。

　　一些西方國家的上市公司在判斷董事獨立性時，所使用的尺度比香港交易所列出的指引更為嚴格。比如：

　　他們將行政人員離職時間從兩年拉長到三年，如董事曾在上市公司或上市公司所屬集團或旗下其他公司擔任高管，該人士需在離職三年後才被認定為具有獨立性。

　　與上市公司或其所屬集團具有業務往來的人士，除了需要涵蓋諮詢公司、顧問公司、專業服務事務所（如會計師事務所、律師事務所）的合夥人或董事外，他們還將上市公司的供應商和客戶納入了審核的範疇。如該人士曾在過去三年與上市公司或其所屬集團有過重大商業往來，比如曾經是重要的供應商或客戶，或作為重要供應商或客戶的董事，上市公司在判斷董事獨立性時也需要認真審視具體情形，尤

其是這些供應商或客戶對上市公司業務的影響，比如在上市公司業務中的占比情況，並將有關百分比和認定獨立性的理由作出清楚的書面記錄。

在判斷董事獨立性時，上市公司首先需要符合當地市場上市規則或條例的規定。至於董事會是否需要採取更為嚴格的尺度，取決於每間上市公司的態度。條例和規則永遠無法涵蓋現實生活中可能出現的各種情形。遵守條例和規則需要做到實質上的遵守，而不是僅僅看表象。對董事獨立性的判斷需要從實質出發，根據實際情況作出判斷，不能只是符合字面上的規定。一個董事可能在字面上符合了上市規則所列出的獨立性指引，但實質上不能保持獨立性，這種情況下，董事會作出判斷時需要從實質出發，做到實質重於表象。比如，「獨立」董事與上市公司控股股東或主要股東或主要行政人員具有過於密切的「私人關係」。一些上市公司在選擇獨立董事時，傾向于聘用大股東或高管的私人朋友。雖然該人士在字面上完全符合交易所對獨立性的指引，但有些情況下非常密切的私人關係有可能導致該名董事不會對管理層或控股股東的行為提出合理的質疑、作出獨立的判斷，致使有關人士實質上喪失了獨立性。

案例 12：他們是獨立董事嗎？

在以下案例中，相關董事沒有觸及或違反上市規則對董事獨立性

的指引，根據上市規則，他們在字面上可能有條件可以被認定為獨立
董事。但如果董事會踐行良好的公司治理，在每一個情形中，上市公
司均需認真思索、謹慎地判斷有關董事的獨立性。

　　A 與上市公司的主要股東兼董事會主席 B 先生關係很密切。A
從未在上市公司工作過，也沒有為上市公司提供過任何專業服務、諮
詢或顧問服務，A 在上市公司中持有股份但持股未超過 1%，A 也
不是 B 的家族成員。從字面上看，A 有條件可以被認定為獨立董事。
不過 A 自從經商起就與 B 先生建立了深厚友誼，B 先生在 A 的經商
過程中提供過各種協助，A 與 B 先生雙方的家庭成員也建立了深厚
友誼。A 收到 B 先生的邀請作為獨立董事加入上市公司董事會，A
表示將全力支持 B 先生。A 雖然在字面上沒有觸犯交易所在上市規
則中列出的各項指引，但 A 實質上能否保持獨立性、能否被認定為
獨立董事，需要仔細思量。

　　C 已經出任了 W 公司的獨立董事，W 公司是上市公司的主要客
戶，上市公司也擬邀請 C 擔任董事。C 可以被界定為上市公司的獨
立董事嗎？假設極端情況下，W 公司是上市公司唯一的客戶，這種
情況下，C 很難被看成是具有獨立性的董事。只要 W 公司在上市公
司業務中的占比達到足夠重要的程度，對 C 的獨立性判斷就需要非
常謹慎。同時在這種情況下，當上市公司董事會討論的內容涉及到 W
公司時，C 都應當回避。

　　從這些案例中可以看出，公司治理的核心是一個企業的文化，是
企業所秉持的理念。如果僅從條例上看，B 先生可以聘請 A 出任董
事並將 A 指定為獨立董事。不過現實中，A 大概率不會和 B 先生「唱

反調」，在處理上市公司與控股股東的利益衝突時，恐怕很難起到真正把關的作用。如果上市公司和 B 先生希望踐行良好的公司治理，應該避免採用這種方式任命獨立董事。從上市公司和主要股東 B 先生的角度，聘請 A 出任獨立董事，表面上董事會可以「順風順水」，不出任何「意外」，但上市公司可能在許多方面沒有獲得必要的提醒，沒有擴大可能為上市公司作出貢獻的人才來源，市場也不會對這樣的公司治理方式給出很高的評價，所以 B 先生是有損失的。

六、首席獨立董事

說到獨立董事，境外一些上市公司設立了首席獨立董事或高級獨立董事。這在亞洲不常見，甚至說比較罕見。為甚麼有些上市公司需要設立這個職位？

出現這一職務的主要原因通常是因為董事會主席不是獨立董事，就是說董事會主席是非執行董事，但不是獨立非執行董事，比如董事會主席在上市公司中持有超過一定比例的股份，或者是公司剛剛卸任不久的首席執行官。有些時候董事會主席還可能是執行董事。由於董事會主席不是獨立董事，當公司遇到某些情況或在討論某些議題或決策某些事項時，董事會主席的立場可能與公司最佳利益存在衝突，這時候董事會主席在表決時需要回避。

為了避免利益衝突，同時確保董事會在任何情況下都可以高效運作，當董事會主席不是獨立董事時，西方一些上

市公司的董事會需要從獨立非執行董事中選出一人作為首席獨立董事或高級獨立董事，作為獨立董事的領頭人。在董事會主席遭遇利益衝突需要回避時，或在任何情況下，當獨立董事認為需要單獨就某些事項展開討論，首席獨立董事或高級獨立董事負責召集獨立董事開會討論、商議，確保董事會始終為公司的最佳利益服務，在各種情況下始終高效運作。

作為良好的公司治理，一些上市公司每次召集董事開會時都留出一些時間（比如 15—20 分鐘），給獨立董事們一個單獨討論的機會，執行董事、管理層和其他非執行董事均不參加這個環節，讓獨立董事們有一個自由討論的空間，就公司業務和關注的事項充分交換看法。這些上市公司將這個討論環節納入每次董事會的正常議程中，成為一個固定的環節。這樣也可以避免由於執行董事或其他非執行董事人數較多、獨立董事人數較少，導致獨立董事無法暢所欲言。

案例 13：董事會主席需回避，議題交由首席獨立董事主持討論

董事會的職責是維護公司最佳利益，謀求公司利益最大化，董事會不是服務于某一個股東的利益，或某幾個股東的利益。如果董事會主席不是獨立董事，當遇到利益衝突或潛在利益衝突時，主席需要回避。

H 是公司創始人，白手起家，在他的帶領下，公司規模不斷擴大，業務不斷發展，H 是業內非常受尊敬的企業家。許多年來，H

一直是公司最大的股東，由於連年擴張，不斷引入新的機構投資者，H 在公司持股比例已經不到 20%。H 已退休多年，因為他在公司的持股比例，H 作為董事會主席，是非執行董事，不具有獨立性。

由於主席不是獨立非執行董事，且在公司持有一定比例的股份，有些情況下，比如其他方有收購意向，或公司融資需要發行股份，引起股東結構發生變化等，董事會主席與上市公司之間可能存在潛在利益衝突，董事會需要建立恰當的治理機制。董事會任命了一位獨立董事擔任首席獨立非執行董事。

近期，有投資者希望收購公司的股份，成為公司最大的股東。當公司獲悉相關消息後，董事會首先需要分析對方的建議是否具有實質性，比如對方是否具有一定的實力，對方的提議是否具有一定的細節和實質內容，對方是否有籌措資金的渠道。

如果對方的提議具有實質性，董事會的任務是依據公司利益最大化原則行事。由於董事會主席在上市公司中持有股份，且一直是上市公司的創始人和單一最大股東，當他知悉有投資者希望收購股份，一躍成為最大股東時，他的立場和角度未必永遠和上市公司最佳利益是一致的。在此情形下，董事會成員需要清晰地識別可能存在潛在利益衝突。當董事會討論該議題時，在不涉及個別股東利益的時候，董事會主席可以繼續主持會議。但如某些議題存在潛在利益衝突時，主席應回避，首席獨立非執行董事應當接手，主持會議，以規避利益衝突。

董事會首先需要確認公司的合理價值，根據公司戰略和未來發展勢頭，審視公司的商業計劃，並據此得出合理的估值區間。除估值外，還要考慮潛在投資者可能對公司業務、客戶關係和聲譽帶來的影響。如果對方提議的收購價格在合理區間，新的股東入股後，從公司

戰略、穩定管理團隊、拓展業務、公司聲譽等方面可以給公司帶來正面影響，產生協同效應，那麼投資者收購公司股份可能是符合公司最佳利益的。但如果對方提議的收購價格遠低於合理的估值區間，根據新股東的背景，如果新股東入股，在公司戰略、穩定管理團隊、拓展業務、公司聲譽等方面會給公司帶來負面影響，那麼收購事項顯然不符合公司的最佳利益。

董事會在所有重大事項中必須清晰地識別可能存在的利益衝突，在決策過程中妥善地規避利益衝突，涉及利益衝突的董事必須回避相關事項的討論和決策。

第七章

董事會核心人物

　　如果上市公司希望在公司治理和經營業績方面表現出色，董事會主席和首席執行官的作用至關重要。他（她）們是上市公司兩個最核心的人物。董事會主席和首席執行官承擔不同的職責。董事會主席負責領導董事會，擁有重大權力。首席執行官負責領導管理團隊和員工隊伍，對公司業務在董事會授權範圍內實施日常管理，同樣是上市公司的核心人物，擁有重大權力。

一、主席與首席執行官的職責

　　董事會主席負責領導董事會。有些公司董事會主席是執行董事，參與公司日常業務管理，有些公司董事會主席是非執行董事，不參與日常業務管理。董事會主席領導董事會批准公司的戰略和規劃，監督管理層對戰略和業務計劃的執行，監督管理團隊的表現，批准管理層的薪酬，領導董事會任命、評價、激勵，甚至更換首席執行官等。董事會主席通過上述各方面領導上市公司，是上市公司的核心人物。

　　董事會主席的主要職責包括：

・負責領導董事會，負責領導上市公司；

・高效地組織董事會，並領導董事會運作；

・確保董事會識別公司所面對的主要議題並組織董事會對此展開討論；

・促進全體董事就公司的事務作出積極有效的貢獻，並持續不斷地進步；

・監察董事會、董事會下屬各委員會及全體董事的表現；

・領導董事會審批公司的戰略和商業規劃；

・與首席執行官定期保持直接對話，並作為首席執行官的導師；

・促進董事會與高管團隊及董事會成員之間保持建設性的溝通，形成相互尊重的關係；

・主持董事會會議，主持股東大會。

首席執行官領導管理團隊，對管理團隊施加非常重大的影響力。每個公司對首席執行官的授權有所不同，在董事會授權範圍內，首席執行官領導管理團隊可以做出決定，無需報董事會批准。比如，有些上市公司明確指定哪些是關鍵管理人員，授權首席執行官決定除關鍵管理人員以外其他下屬管理人員的關鍵業績指標、實際業績考核，管理人員職務變動等。即使有些上市公司要求首席執行官將高管團隊的業績合同、績效考核結果、薪酬、高管團隊成員變動等上報給董事會批准，但由於董事會，特別是獨立董事與管理團

隊成員的接觸有限，實際上大部分情況下還是聽取首席執行官的介紹意見。而從首席執行官以下二級管理人員開始，具體人員的任命、考核等，許多上市公司董事會基本不參與。

首席執行官由董事會選聘並任命。許多西方上市公司董事會章程規定，首席執行官在任期內是董事會必然的成員，且不參與董事定期退選連任。

首席執行官的主要職責包括：

- 代表上市公司管理團隊向董事會彙報；
- 是董事會與管理團隊之間最主要的溝通渠道；
- 負責領導管理團隊和員工隊伍實施和落地董事會批准的戰略和商業計劃，在董事會對其授權範圍內負責日常運營；
- 在董事會對其授權範圍內負責招聘管理人員。每間上市公司的內部規定有所不同，對首席執行官的授權有所不同。有些公司規定重要的管理團隊崗位必須提交董事會批准，如首席財務官，有些公司會給首席執行官一些權力去搭建自己的班底，由首席執行官負責招聘協助他（她）的副手，但需將有關人士的資質和薪酬待遇等上報董事會批准。從首席執行官以下兩級開始，上市公司招聘管理人員一般無需報董事會批准，由首席執行官領導管理團隊決定，但每間公司的規定可能有所不同。

在公司治理方面，這兩個角色，應該分由不同的人士擔

任還是應該由同一個人擔任？

　　過去許多公司的董事會主席同時也是首席執行官，二者由同一人出任，這曾是一個非常普遍，也被廣為接受的現象。國際上許多知名企業曾奉行這一做法。隨着公司治理實踐日益發展，監管機構和大型機構投資者等利益相關方逐漸傾向於董事會主席和首席執行官不應由同一人擔任，要求董事會主席和首席執行官應分由不同人士擔任，且董事會主席應該是非執行董事，不參與日常管理工作，確保主席可以從相對獨立的立場來領導董事會，可以對管理層的提議做出獨立的判斷。這樣做是希望在主席和首席執行官之間取得權力的制約與平衡，不讓單獨一方掌握太大的話語權。

　　一些市場的上市規則或公司治理最佳實踐明確要求董事會主席和首席執行官應該分由兩個不同的人士擔任。如果上市公司違反了這一規則，需要作出解釋。將二者的角色區分開來的最大好處是避免權力過於集中。如果集董事會主席和首席執行官於一身，主席兼首席執行官可能對企業的戰略、人事、運營等多方面施加過於重大的影響力，容易出現「一言堂」的情況，這對風險控制是不利的。

　　由於首席執行官負責日常經營，許多重大的投資決策、重要的重組變更、組織架構調整等均由首席執行官代表管理團隊向董事會提出，請求得到批准。如果董事會主席由另外一名人士擔任，可以客觀地分析和評估這些建議，董事會主席和董事會成員都具有自己的技能、知識、經驗和判斷，管理團隊提出的建議是否可行，董事會可以站在客觀的立場

上，獨立決策和判斷。如果董事會主席和董事會成員認為管理團隊所提出的建議不符合公司戰略，或在風險管理方面，未能妥善加以考慮，管理團隊的提議可能無法得到董事會的批准。如果主席和首席執行官兩者合二為一的話，主席無法獨立審視自己提出的建議，再加上在董事會層面，主席可以施加較大的影響力，可能導致董事會未能客觀地審視或建設性地質疑管理層的建議。

在以下案例中，以重大投資決策為例，說明重大決策事項需在管理團隊和董事會層面得到充分的討論，董事會需行使獨立的判斷。

案例 14：重大投資決策，董事會需行使獨立的判斷（一）

重大投資決策是公司必須妥善管理的事項。重大投資需要耗費公司管理團隊大量的精力，需要佔用公司大量的財務資源。如果投資符合公司戰略且能夠成功得到實施，對公司發展具有重要意義。反之，如果投資不符合公司戰略，或者管理團隊無法成功實施投資項目，會給公司造成資源浪費，帶來重大損失。

通常情況下，管理團隊在向董事會提議重大投資項目時，應該事先已經做了許多工作，認為這些項目符合公司戰略，風險可控，應該得到董事會的支持和批准。但由於種種原因，在以下案例中，管理團隊的判斷可能受到了某些因素的干擾，未能對投資項目作出客觀的評價，在這些案例中，管理團隊所提議的投資項目，並不一定符合公司

的最佳利益，董事會必須行使獨立的判斷。

　　A公司剛剛成立不久，正在迅速發展。作為創始人，首席執行官非常希望公司規模能夠儘快擴大。在擴大規模、做大做強的欲望驅動下，首席執行官的着眼點在於新項目所能帶來的規模增長。當管理團隊將規模增長放在了第一位，急於擴張，有可能會出現對投資項目未能進行嚴格的篩選，對風險把控有所鬆弛，在平衡規模與質量方面，天平偏向了規模擴張。

　　A公司管理團隊的業績合同明確規定了關鍵業績指標，列出了全年需完成的各項任務，其中在業務發展方面，明確要求公司業務規模較上一年必須有所增長，並設定了全年需新增的業務規模目標。管理團隊希望完成業績合同，他們的薪酬與業績合同完成情況是掛鈎的。管理團隊積極在目標市場拓展新項目。如果所有正在跟蹤的項目都可以順利落實的話，全年業績合同關於增長的指標基本可以完成。

　　對於A公司所面臨的情況，董事會必須有清醒的認識。公司的指導思想和評價體系很有可能導致管理團隊在審議重大投資項目方面，會忽略一些風險因素，偏面追求規模。如果董事會能夠及時察覺管理層的動因，對管理層提交的投資項目行使獨立的判斷，提出建設性的質疑，對公司掌控風險會有很大幫助。

　　在C公司的發展道路上，併購起到了關鍵作用，助力業務迅速發展。不過，公司已經有很多年沒有實施新的併購項目了。董事會主席希望繼續發揚公司的優良傳統，利用併購方式，助力業務再上一個新的台階，並將尋找併購標的、完成併購項目納入管理層關鍵業績指標。首席執行官指定負責業務發展的副總裁，積極物色新的併購標

的，管理層所背負的業績指標明確要求，副總裁及其下屬管理團隊應在財務年度內提議新的併購標的。此時，國際市場的商品價格走勢如日中天，外部市場形勢令人感到振奮，促使公司更需要加快併購的步伐。管理團隊在目標市場積極物色併購標的，並決定向其中一個標的公司提出併購意向。管理層認為標的符合公司戰略，可以與現有的業務形成互補。併購順利完成了，但國際市場形勢發生了巨大變化，商品價格出現了大幅下挫，新併購企業的業務量受到明顯的負面影響。併購時預測的主要邊界條件發生了明顯的負面變化，投資項目估值大幅下挫，公司面臨大額撥備。

在 C 公司案例中，公司的評價體系，已經導致管理層在衡量併購標的時會喪失客觀性和謹慎性。在這個案例中，董事會和管理層均未能識別行業週期即將發生變化，樂觀地認為高商品價格會持續下去，對市場和項目的判斷發生了偏離，在行業週期的高點實施了併購，董事會未能對管理層提交的項目從獨立的角度提出挑戰和質疑。

D 公司在業內取得了較大的成功，除了本土市場，他們非常渴望能夠拓展海外市場，D 公司的創始人認為發展國際業務可以進一步將 D 公司發展為跨國企業，所以 D 公司高層非常希望完成這一業務目標。恰逢一些海外企業出售部分資產和業務，D 公司首席執行官非常希望能夠旗開得勝，在拓展海外業務方面嶄露頭角，對於項目收購感到志在必得。雖然公司沒有任何海外業務經驗，團隊的專業能力和國際業務拓展經驗明顯不足，但企業管理層渴望完成這一具有里程碑意義的項目，拓展國際版圖所帶來的成就感太有誘惑力了。這種情況下，管理層對項目的判斷可能已經不那麼客觀，這會影響他們對風

險的判斷，對估值的測算，也會影響他們在併購中的談判策略。

　　D 公司董事會及時發現了管理層過於樂觀的情緒，對管理層提交的項目指出了重大風險因素，行使了獨立的判斷，提出了建設性的質疑，助力公司掌控風險。

案例 15：重大投資決策，董事會需行使獨立的判斷（二）

　　在應對氣候變化、降低溫室氣體排放的大背景下，A 公司積極踐行業務轉型與創新，從服務傳統能源領域向新興科技與技術轉型，積極落實可持續發展。B 公司是能源科技領域的新興企業，在新電池技術領域的研發取得了突破。B 公司計劃將新電池技術推向商業應用，為此 B 公司已籌集部分資金，擬建設一個利用新技術生產電池的工廠。B 公司計劃聘請 A 公司為擬新建的工廠提供設計、建設等總承包服務。由於資金有限，B 公司希望只向 A 公司支付一小部分現金，其餘建設服務費用以新工廠的股份折合作價支付給 A 公司，並希望 A 公司向其提供一部分貸款，作為 B 公司聘用 A 公司提供服務的一攬子條件。

　　新科技、新技術領域有不少像 B 這樣的公司，他們的創始人擁有新奇的想法或創新的技術，已在小規模測試中取得成功，希望進入大規模商業化應用。由於 B 公司是新興企業，資金不足，許多像 B 公司這樣的創新企業，無法向服務供應商支付現金或僅能支付一小部分現金，其餘建設工廠所需的費用以科創公司的股份折價支付。這對許多提供服務和產品的公司而言，是一個新的課題，超出了他們正常

的業務範圍。

首席執行官帶領管理團隊討論，大家認為這是一種與新興科創公司合作、拓展新業務的模式，表示願意同意對方提出的條件。由於 B 公司所提議的商業條款超出了公司正常業務範圍，根據董事會對首席執行官的授權，此項業務超出了授權範圍，需提交董事會決策。

董事會對該項目進行了分析。按照 B 公司提議的條款，A 公司提供服務後，基本得不到現金付款，B 公司以工廠的部分股權作為對價。此外，B 公司還希望 A 公司向其提供貸款，以支持其業務發展。A 公司董事會成員討論、分析後認為，B 公司所提議的條款將改變 A 公司業務所面臨的風險，A 公司提供服務後，幾乎得不到現金，影響 A 公司的現金流狀況。而向第三方提供貸款，將進一步增加 A 公司所面對的風險。A 公司作為上市公司，直接投資初創企業，涉足風險投資領域，可能會令一些股東感到緊張，但有選擇性地參股一些新技術公司可以為企業打開新的業務領域，增強企業在某些新技術領域的競爭優勢。董事會經討論後，明確表示不同意向 B 公司提供貸款；B 公司需提高現金支付比例，且 B 公司向 A 公司折價增發的股份應具有適當的流通性，即從工廠層面提高到持股公司層面。

董事會未能批准按照 B 公司提議的條款提供服務和資金，要求管理團隊進一步與 B 公司溝通，如最終條款在董事會批准的範圍內，則授權首席執行官推進該項目，並將調整後的條款上報董事會知悉。

案例 16：重大投資決策，董事會需行使獨立的判斷（三）

A 公司在業內已取得很大的成功，根據多年的從業經驗，A 公司管理層認為原材料價格波動是他們面對的最大風險。如果能夠控制一些原材料供應渠道，將有助於穩定主營業務的盈利水準。為了鞏固行業地位，A 公司決定向上游延伸。

A 公司物色了一些併購標的。雖然目標所在的行業與 A 公司的主營業務很不同，但 A 公司管理團隊認為他們在主營業務積累的經驗和展示的能力應該可以助力公司同樣成功地進軍上游業務。管理團隊信心滿滿，根據當時高昂的原材料市場價格對上游項目做了測算，認為投資上游將穩定供應鏈，還可以帶來豐厚的回報。

實際情況與 A 公司預期相距甚遠。由於外部環境發生變化，原材料價格出現了顯著下降，較 A 公司管理團隊預測時使用的假設出現巨大差距。同時 A 公司管理團隊低估了進軍不同行業所帶來的困難和挑戰，懂行的管理人員籌備不足，對行業利益相關方所帶來的各種挑戰和難題預計不足。

A 公司投資失誤不僅給企業帶來了巨大的財務損失，也對企業聲譽造成了巨大傷害。

在 A 公司案例中，董事會未能識別企業所面臨的重大風險，沒有質疑管理團隊是否過於自信，沒有挑戰、質疑管理層在沒有充足管理人員儲備的情況下，大刀闊斧進軍新行業所面對的嚴重不確定性，企業為此付出了沉重的代價。

二、避免權力過於集中

為避免權力過於集中，確保董事會對管理團隊實施相對獨立的監察，越來越多的上市公司由非執行董事擔任董事會主席，將董事會主席和首席執行官兩個角色清晰地區分開來，分由不同人士擔任。董事會職責之一是批准公司戰略，監督和落實公司治理原則，對管理層實施有效的監督和問責。將董事會主席和首席執行官角色分離，是在董事會和管理團隊之間取得權力平衡，並對權力實施相應的約束。董事會主席領導董事會，首席執行官領導管理團隊，讓兩個人分別將自己的時間和精力投放到各自的職責中。

為了確保高效運作，上市公司除了需要在董事會層面建立健康、合作、相互尊重的氛圍，也需要確保董事會和管理團隊之間建立相互信賴和相互尊重的關係。這需要明確董事會主席和首席執行官的職責，在董事會主席和首席執行官之間就他們的職責和權力作出平衡。每間公司在這方面都具有一定的靈活性和自由度，沒有固定的範本。比如，給予首席執行官多大的授權，多少金額範圍內的對外投資，無需報董事會批准；多少金額範圍內的對外債務融資，無需報董事會批准；哪些層級的人員招聘，無需報董事會批准等，都由每個公司董事會根據情況自行決定。

不過無論兩個人的職責如何明確，公司治理採取怎樣的措施，人與人之間的合作與互動受到許多不同因素的影響。一些市場（比如美國）允許董事會主席同時兼任首席執

行官，奉行這種做法的公司既有不少大型成功的知名企業，也有規模較小、資源較少的小企業和新興企業。儘管近些年，越來越多的公司放棄了這種治理模式，選擇將兩個角色分離，但還有一些知名企業依然採取這種方式。

支持這種治理原則的人也可以拿出充足的理由：(1) 不少企業都出現過主席和首席執行官無法合作的情況。由於兩人均為核心人物，經驗和履歷都比較豐富，能力也都比較強，有可能在個性方面也都比較強勢，當所持的觀點或立場不同，兩人可能都無法說服對方，無法對一些問題達成共識。由於兩個人所掌握的權力和所起的作用均十分重要，當兩個人不合或意見出現分歧，不僅不能形成合力，反而牽制了企業的決策力和執行力。這種情況下，有些觀點認為應避免這種內耗及不和諧，將企業交由一人去領導，同時匹配清晰的激勵和問責制度，也是一種「兩害取其輕」的做法。任何事務都一分為二，具有正反兩個方面。這些公司董事會主席兼任首席執行官，集大權於一身，不存在其他公司可能出現的羈絆和掣肘，執行效率可能會更高。

(2) 採用這種治理方式，企業往往在公司治理方面會匹配其他一系列的治理手段，依託較為成熟的法律制度和治理體系，設定清晰的激勵和問責制度，以規避企業需要面對個人權力過度集中的風險。比如，根據經營業績對董事會主席 / 首席執行官給予獎勵，或進行問責；如表現欠佳，機構投資者可以在股東大會上動議罷免主席 / 首席執行官，所以歸根到底，主席 / 首席執行官需要向市場交出業績，接受市

場的洗禮。這些市場的監管者可能更寧願相信市場的力量。如果集大權於一身而上市公司表現欠佳，自然會遭到市場的拋離。如果集大權於一身而上市公司在避免利益衝突或其他方面違反了法律法規，在法制成熟的國家，這種企業肯定會遭到多股力量的追討，逃不出失敗、賠償的結果。

如果董事會主席和首席執行官由同一人擔任，上市公司往往會任命一位獨立非執行董事擔任副主席或首席獨立非執行董事。目的是：(1) 在出現利益衝突時，例如董事會討論首席執行官薪酬，而作為主席和首席執行官的當事人需回避，副主席或首席獨立非執行董事應作為主持人。(2) 副主席或首席獨立非執行董事需要定期召集其他非執行董事開會，討論非執行董事關注的事項，對執行董事（包括首席執行官）實施有效的監察。這些討論需要在執行董事和管理層不在場情況下單獨舉行，目的是讓非執行董事，特別是獨立董事有機會交換意見和看法，並充分發表意見。

公司治理是一種文化，是企業奉行的理念和原則，不能單靠上市條例或守則去監管。在公司治理方面，實質重於表象，純粹在字面上合規沒有太大的意義。舉例說，一間由家族控制的上市企業，董事會主席和首席執行官分別由父子兩位家族成員擔任，實際操作中，家族地位和長幼秩序可能意味着實際決策權不存在制衡關係。又比如說，一間新創立的公司，創始人在企業中擁有絕對重要的地位，許多創始人都具有非常鮮明的，甚至強勢的個性，「說一不二」。從某種意義上講，對於初創企業，創始人的強勢和「一意孤行」可

能是決定企業成敗的關鍵，當企業尚在弱小階段，生存是第一位，這種情況下，即使董事會主席和首席執行官分由不同人士擔任，也可能完全不存在權力制衡的因素。因此，無論上市條例或守則如何規定，最終取決於執行者對這些治理理念和原則是否真心接受。

三、建立互信的合作關係

董事會主席領導首席執行官，領導董事會批准首席執行官的年度績效合約，根據實際經營結果，對首席執行官的績效作出評價，據此決定首席執行官除固定薪酬以外的績效激勵。董事會主席領導董事會對首席執行官的任命、繼任等作出決定。首席執行官帶領管理團隊構思的重大行動舉措需要獲得董事會的批准。一般在正式上會前，首席執行官需要先與董事會主席溝通，獲得董事會主席的初步認可，否則即使管理團隊強行推動，最後也未必可以獲得董事會通過。董事會主席與首席執行官需要緊密合作，保持持續的溝通。主席與首席執行官合作是否融洽，是決定企業運營效率的一個重要環節。

如果董事會主席是執行董事，參與日常管理，和首席執行官屬於管理團隊上下級關係，那麼他（她）對公司業務情況應該了若指掌。但公司治理的趨勢是主席作為非執行董事，不參與公司日常管理。在這種情況下，主席與首席執行

官之間的氛圍非常重要，雙方應當建立相互信任與相互尊重的合作關係。

在正式董事會議之外，董事會主席與首席執行官需定期頻繁地溝通，二人需保持緊密的合作關係。董事會平均每季度開一次會，有些較為勤奮的董事會平均每兩個月開一次會。而董事會主席與首席執行官的正式溝通應更為頻密，最少起碼每個月一次，有些公司可能更為頻密，比如每個星期或每兩個星期一次。如公司遇到任何特殊事項，首席執行官應隨時與主席保持溝通。除此之外，主席與首席執行官還應定期非正式地見面，比如餐敍、茶敍，增進雙方的溝通和了解。

上報董事會的議題在正式提交董事會前，公司秘書或董事會秘書應事先與董事會主席將議題內容逐項過一遍。如遇到非常規的事項或重大的決策事項，首席執行官應事先與主席單獨溝通，取得一些共識。如果在一些議題上主席和首席執行官已經出現了重大分歧，雙方應該會前溝通，如果主席認為管理層還有一些應做未做的工作，管理層應完善後再提交董事會審批。

在董事會議召開的間隔期間，公司業務不斷發展。對一些重要的業務進展情況，客戶和市場的重大變化，競爭對手的動向，高管人員的變動情況等，董事會需要持續跟進和監察，不能等到董事會召開會議才了解情況。這也進一步要求董事會主席在會議室之外與首席執行官保持密切溝通，雙方定期通話，以便董事會主席了解公司業務的發展情況，並

判斷是否有重大事項需臨時召開董事會議決策，是否有重大事項需要及時通知其他董事會成員知悉。

　　首席執行官應將主席作為一名可以諮詢意見的夥伴，在主要想法付諸實施或上報董事會前，聽一聽董事會主席的意見，將業務發展過程中，主要項目推進情況，管理團隊人事變化和擬作出的變化，市場情況和主要客戶情況等，做一溝通。作為主席，首先應該是一個出色的傾聽者，在關鍵問題上根據自身的經驗和閱歷，給出意見和看法。但主席不參與公司日常業務，不應直接插手公司的日常運營。兩人的互信與良好互動可以提高公司的運轉效率，讓董事會和管理團隊都發揮出更大的作用。

　　董事會主席和首席執行官的關係是上市公司需要處理的最重要的關係之一。由於董事會主席和首席執行官都是公司的核心人物，發揮重要作用，如果兩人能夠形成合力對上市公司非常重要，如果兩人出現較為明顯的分歧，處理不好的話，會對企業造成負面影響，如果兩人關係非常不融洽，整個組織都會受到傷害。

　　市場上有許多案例，董事會主席和首席執行官出現明顯的分歧與不合，互不相容，互不信任，他們的矛盾會給公司帶來重大的不確定性，給公司運作帶來重大負面影響。在西方一些市場中，兩人的不合最終演變為董事會試圖罷免首席執行官，而首席執行官也糾集力量試圖罷免董事會主席，在市場上鬧得不可開交。當矛盾赤裸裸地暴露在公眾面前，會給公司聲譽帶來負面影響。而最終的解決方法是其中一

人必須離開，有時甚至兩人都被更換。也許正是因為這一點，在公司治理方面，一些市場允許董事會主席和首席執行官由同一人士擔任，因為這樣可以剷除由於二人不合給公司帶來的負面影響。

為甚麼董事會主席和首席執行官兩人的關係會變得十分惡劣？最常見的原因之一是兩人的角色和定位不清晰。董事會主席負責領導董事會，首席執行官負責公司日常運營。除角色和定位不清晰外，溝通出現問題，缺乏相互尊重，將個人利益放置在公司利益之上，個性十分強勢等等，這一切都可以導致董事會主席與首席執行官嚴重不合。

如果出現了上述情況，一旦董事會知悉主席與首席執行官出現明顯的分歧與不合，就應該儘快採取行動，而不是任由事件不斷惡化，對公司造成負面影響。

案例 17：處理好董事會主席與首席執行官的關係

企業的文化和戰略基調是由企業最高層奠定的，自上而下地影響整個企業。董事會主席和首席執行官建立健康與互信的關係，有利於企業的經營和發展，反之會帶來許多弊病，大幅降低公司運營效率，嚴重影響士氣。

X 先生在業內赫赫有名，他領導的大型企業集團分拆了業務單元單獨上市，X 先生親自擔任上市公司董事會主席。他物色了首席執行官 Y，Y 先生不負眾望，能力強，學歷高，很快贏得了市場的

尊敬。但董事會和管理層之間沒有設定明確的職能和授權。單獨上市後，Y 先生領導的上市公司在許多方面成為一個相對獨立的運作體，Y 先生知名度顯著上升。X 先生自始至終認為上市公司是自己領導的大集團下一個業務單元，對於 Y 先生的「獨立運作」非常不滿。最終導致兩人關係格格不入，Y 先生選擇離職而去。

J 先生是上市公司的創始人，擔任公司首席執行官多年，直到近期一直出任董事會主席兼首席執行官。由於年齡等方面的原因，大家預期 J 先生在三到五年內需要交棒給下一任首席執行官。J 先生物色了他的好友 K 先生加盟企業，作為接班人。在沒有加入企業前，兩家人已是往來密切的好朋友。加盟後，大家很快發現雖然 K 先生在他熟悉的諮詢領域是佼佼者，但他的經驗和閱歷與上市公司所從事的業務頗有距離。K 先生參加高層會議，對公司業務提出一些想法，屢次被經驗豐富、對企業了若指掌的 J 先生否決。這種情況不斷發生。K 先生感覺非常低落，和 J 先生的互動關係變得非常差，很快二人的矛盾公開化。在管理團隊、下屬和員工面前，二人關係極不融洽已不是秘密和新聞，甚至是許多人津津樂道、茶餘飯後的談資。最終 K 先生不得不離職，並將上市公司告上了法庭。

A 先生出任上市公司董事會主席，根據公司治理實踐，該上市公司明確要求董事會主席是非執行董事，但執行董事與非執行董事的界限該如何把握？上市公司及其上級單位沒有就非執行董事會主席的職責進行梳理，沒有明確公司治理的規範，基本上交給當事人根據個人過往的經驗、習慣和自己的理解來解讀有關職責的內涵。A 是一個

細緻的人，對公司的投資、發展、人事等各個方面過問的比較細緻。這令首席執行官感到非常反感，認為 A 先生的行為已經超越了非執行董事的範疇。兩人產生了矛盾，結果高管團隊也被牽涉其中，嚴重影響了公司的運營效率和工作氛圍。公司高層在決定組織氛圍和企業文化方面起到至關重要的作用。公司最上層二人不合，企業文化和組織氛圍可想而知。

上市公司中也有許多正面的案例。某公司創始人 W 曾長時間擔任公司首席執行官，退休後轉任上市公司主席。W 為人低調，性格沉穩內斂，不善誇誇其談，注重傾聽。他主持董事會，讓其他董事暢所欲言，自己也發言，但整體來說，言語不多。話雖不多，W 深得其他董事會成員和管理團隊成員的敬重，也贏得了商界和社會的尊重與信賴。他每兩個星期和首席執行官通話，如有需要，他隨時可以為首席執行官出謀劃策，在有需要的時候，親自和首席執行官一起出面拜訪客户。他不干預首席執行官的日常運營，不干預首席執行官對高管團隊人選的評述或建議，即使討論公司戰略等重要議題，他讓其他董事充分發言，充分和管理團隊交流。他和其他董事一樣，向管理團隊建議或質疑。作為非執行主席，在他身上似乎看不出曾經數十年作為創始人和首席執行官的烙印，豐富的經驗和厚重的積澱，化成了無形的領導力、影響力，並鑄就他成為公司的精神領袖。

能夠擔任董事會主席或下屬專業委員會主席的人士，往往都是具有豐富經驗的資深人士。但上市公司不能想當然地認為非執行董事一定已經熟悉和理解自己的職責。當

上市公司任命董事會主席、非執行董事或下屬專業委員會主席時，應該明確規定相關角色的職責、應發揮的作用，提醒非執行董事，他們不應該扮演執行董事的角色，過於細緻或深入地參與到公司的日常業務運作中。上市公司應篩選具有豐富經驗，特別是具有公司治理經驗的人士出任非執行董事，同時應該提供相應的培訓，讓有關人士了解他們的角色和職責，而不是交由有關人士自行解讀。

案例 18：培訓非執行董事

董事會主席、各專業委員會主席負責主持董事會及下屬各委員會的會議，在董事會中承擔的責任相對較多，應尤其重視對這些人士的培訓。

N 集團業務龐大，在世界各地設立子公司開展業務。根據良好的公司治理原則，該集團對分佈在世界各地的從事業務運營的子公司，均配備了完整的董事會，包括聘請外部獨立非執行董事。為了讓下屬子公司董事們能夠理解集團對公司治理、可持續發展所秉持的理念，理解集團目前的業務運營情況及未來戰略和發展方向，該集團定期舉辦下屬公司董事會成員的培訓，組織董事們參加小組討論，既增進董事間的聯繫和交流，也讓分佈在各地的子公司董事會均能夠按照同樣的基調和價值觀履行職責。

為了讓新晉擔任主席的董事可以更好地履行職責，該集團專門為董事會和專業委員會主席組織了培訓內容，讓他們更好地理解和履行職責，包括如何主持會議、如何管理會議時間等。

第八章

良好的董事會運作機制

一、召開董事會議

上市公司董事會每年召開數次會議。除了固定必須召開的董事會議外，根據業務需要及董事會職責的規定，包括應對突發事件等，上市公司可能還需要臨時召集董事會議。

香港交易所要求上市公司每年至少召開四次董事會議，大約每季度一次。內地交易所規定每年至少召開兩次會議，上下半年各一次。還有一些交易所只是建議（不是硬性規定）上市公司每年至少召開四次董事會議。許多規模較大的境外上市公司每年召開五到六次董事會，平均每兩個月或兩個多月一次。

董事會一年應該開幾次會？兩次、四次、五次還是六次，哪一種做法才是公司治理的最佳實踐？通常上市公司每年應至少召開四次董事會議，以便董事會能夠相對及時地了解公司情況，低於四次的話，每次會議間隔時間較長，如果期間管理層未能有效地向董事會定期提交管理報告，未能定期讓董事會跟進公司運營和發展情況的話，對董事會履行職責是不利的。另外，公司對外披露業績需得到董事會的批准。上市公司業績發佈是一年兩次還是按季度披露？如果

是按季度披露，那麼董事會每年至少需要召開四次會議。

至於董事會是否應當更頻繁地固定開會，比如五次或六次，上市公司需要根據自身業務情況進行判斷。比如，公司業務是處於相對穩定還是變化多端的階段？如果公司業務面臨較為艱難的市場環境，面臨來自內外部的各種壓力，董事會需要更為勤奮地履行職責，以確保董事會持續跟蹤和了解公司業務情況、持續跟蹤管理層對公司戰略的落實情況、監察公司文化和員工隊伍士氣等，並及時作出相應的決策。

除業務需求外，公司治理理念也是決定董事開會次數的一個重要因素。一些上市公司董事會的作用並沒有那麼「至關重要」，許多重大決策其實並不是由董事會決定，而是由控股股東或者控制人直接作出並佈置實施。這種情況下，這類公司董事會運作更多是滿足上市規則的要求，開會次數多少並不那麼重要。

許多大型企業，尤其一些境外的跨國企業，董事會非常勤奮，每年固定開會 5—6 次。為甚麼這些跨國企業董事會開會頻次更高？原因可能有這樣幾方面：(1) 這些企業把董事會作為真正的決策機構，業務發展中的重大事項需要及時報告並獲得決策。這些企業也把董事會作為「輔導機構」，管理層希望獲得董事會的意見和建議，充分利用董事們的經驗和技能為上市公司出謀劃策，所以需要定期會面。(2) 他們所在的市場對董事會的問責更嚴格，董事會面臨的法律風險更高，促使董事會勤奮履職，不斷跟進公司業務情況。

(3) 資本市場長期的發展導致許多大型企業的股權結構較為分散，董事會切實起到了最終決策和最終負責的作用。(4) 市場已經形成了較為成熟的公司治理理念，外部利益相關方，包括投票顧問機構、評級機構、分析師等已對公司治理形成了較為成熟的評判標準。在這些因素的作用下，大型企業的董事會成員必須勤奮地履行義務和職責。

案例 19：跨國企業上市公司每年固定召開 6 次董事會議

一些境外上市條例並沒有強制規定董事會開會次數，只是建議董事每年至少開會四次，但許多跨國企業上市公司每年固定開會六次，平均每兩個月一次。除了這些固定召開的會議外，如果公司業務有需要，還可能增加臨時的會議。

除了常規需要上報董事會的事項（如管理層運營情況報告、財務報告）等，每年固定 6 次董事會會議都有不同的側重點，具體安排如下：

• 其中兩次會議主要圍繞中期業績和年度業績發佈，業績發佈需要得到董事會的批准。配合業績發佈，董事會還需要討論和決策公司的股息政策，並審議公司對未來的展望等。

• 其中一次會議重點關注公司戰略，聽取管理層對戰略的反思和對未來戰略的思考，並對管理層的分析和提議提出挑戰、質疑、詢問和建議，經管理層完善後，公司戰略再提交董事會正式批准。

• 其中一次會議重點討論公司商業計劃，並對管理層提交的計

劃和預算給出反饋意見，由管理層根據董事會的意見和要求，對商業計劃和預算進行進一步完善，並在下次董事會上報告更新後的計劃和預算，交由董事會正式批准。

- 其中一次董事會議的重點是準備股東大會，反饋與股東包括主要大型機構投資者和投票顧問機構的溝通情況、籌備現場與參會股東的溝通等。股東大會是上市公司與股東進行溝通的重要渠道。圍繞股東大會，上市公司需要做一系列的安排，包括事先與投票顧問機構及部分大型機構投資者見面溝通。

每年固定六次董事會議，其中 2—3 次董事會議安排在總部所在地以外的其他國家召開，選擇公司業務所涉及的主要市場，這樣董事會在履行議題審核等職責的同時，可以親自了解不同市場的情況，並有機會與當地的管理團隊和一線員工接觸，令董事會可以更直接地了解當地市場、客戶對公司的反應，及員工隊伍士氣等。會議內容包括董事與當地管理團隊，員工及主要客戶見面，聽取當地團隊介紹市場和業務情況，現場訪問、實地了解業務，獲取當地市場的一手資訊，通過與客戶和員工的直接溝通與接觸，了解董事會書面議題材料以外的資訊，感受公司的文化氛圍。其餘的董事會議，特別是圍繞業績發佈和股東大會相關的董事會議，則安排在公司總部召開。

上市公司董事會成員包括來自外部的獨立董事，大家聚在一起開會的時間總體來說是比較有限的。董事會應高效地使用董事們聚在一起開會的時間。董事們應該會前事先審閱管理層提交的材料，開會時，管理層可以理解為董事們已經事先閱讀了有關報告和材料，是帶着問題來開會的，

管理層無需從頭到尾把材料再複述一遍，而只需要挑選重點內容向董事會報告。董事會應該將有限的時間聚焦重點領域，與管理層討論重點事項、就重點問題展開充分討論。如果董事會材料中有些內容表達得不夠清楚，董事們可以事先請管理團隊成員給出解釋，這樣可以節省會上時間，對重點問題展開討論，而不是把有限的時間花在「重複敍述書面材料內容」。仍然有不少上市公司董事會把開會時間主要花在管理團隊一字不差地朗讀書面材料上，還有些公司雖然不是一字一句完全照材料念，不過開會基本上也是把材料再念一遍，然後直接對議題進行舉手表決。這種會議的效率不高，管理層和董事會成員未能真正就關鍵問題展開討論，上市公司和管理層沒有真正把董事會成員的知識和技能利用起來。

董事需勤勉履責，對公司戰略落地、經營業績、高管表現等負有監察責任。除正式會議之外，董事會應與首席執行官及其管理團隊保持適當的聯繫，一方面持續關注業務進展，另一方面確保董事會與管理團隊正式與非正式的溝通渠道均十分順暢。

除正式董事會議外，上市公司管理團隊可以通過多種方式與董事會保持持續的溝通。管理團隊需將公司的運營情況及時報告給董事會，可以通過電郵向董事會成員每月定期發送管理報告，令董事會成員可以及時了解公司的業務情況。月度報告的具體形式和內容因公司而異，大部分上市公司採用書面報告的形式，內容涵蓋業務情況，主要財務業績，關鍵業務主題的進展情況和主要風險的變化情況等，篇

幅不宜過長。有些境外上市公司非常勤奮，為便於董事會持續跟進公司業務情況，在董事會未舉行正式會議的月份舉行電話（視頻）會議（不算正式董事會議，不存在決策事項，只是月度簡報會議），讓董事們了解業務情況。

案例 20：董事如何在會議室之外勤勉地跟進上市公司業務發展？

上市公司董事會可以通過多種方式持續跟進公司業務進展情況。

每間上市公司每年正式召開的董事會議次數都是有限的。如果一年當中只通過正式會議去了解和討論公司業務，對董事履職來說是不夠的。公司的業務、市場、客户、供應商，及面臨的風險等都會在一年中發生各種變化，董事會不能只等到正式開會才了解公司的資訊，必須在一年當中持續地跟進公司情況，持續地了解管理團隊的表現，並在有需要的時候及時採取措施。

跨國企業 M 公司每年固定在 2 月、4 月、6 月、8 月、10 月和 12 月召開六次董事會議。在沒有舉行正式會議的另外六個月中，M 公司每月通過電話會議（隨着技術進步，改為視頻會議）召開約一個小時的簡報會議，主要由首席執行官介紹業務情況，由首席財務官介紹公司財務業績，以及其他需要向董事會通報的事項。簡報會議讓董事們有機會了解該公司業務的進展情況、財務表現、預算和商業計劃完成情況，及管理層對其他年度目標的完成情況。如遇特殊事項，如公司接獲重大項目、管理層物色了重大併購目標或其他突發情況，需董事會作出決策，簡報會議就變成了一次正式董事會議，可以就某個

需要決策的事項作出正式決議。這樣董事們全年都在持續跟進公司的業務發展情況。

許多上市公司沒有採用簡報會議的方式跟進公司業務情況，而是選擇以管理報告的形式向董事會成員發送月度管理報告，供董事們自行閱讀。如有疑問或需要管理層澄清的事項，可以聯繫管理層進一步了解情況。

與管理團隊以餐會的形式，定期見面溝通，或共同接受專題培訓，也有助於雙方增進了解，交換看法，在公司管理層有需要的時候，可以隨時與董事會成員聯繫，董事會成員也可以與管理團隊建立更順暢的溝通渠道。

關於每年需要固定召開的董事會議，如何安排開會時間表，每個公司的做法也有很大差異。成熟的上市公司，尤其一些境外上市公司往往提前至少一年，甚至提前兩年已經將每年必須固定召開的董事會議的日期予以明確。一方面是因為這些公司聘用的外部獨立董事很可能同時出任幾家上市公司的董事職務，如果安排太遲，一些開會日期可能已經被其他公司佔用了，尤其上市公司業績發佈時間可能都相對集中在一年內某些月份和時段，如果安排得太遲，協調這些董事日程的難度會進一步增大。因此，上市公司希望提前鎖定開會時間，提前安排好每年必須固定召開的董事會議，包括配合季度業績（如適用）、中期業績或年度業績的批准與發佈而必須召開的董事會議，提前安排好股東大會召開日期，並請董事們預留時間，以確保能夠出席董事會議和股東

大會。

一些上市公司由於董事會議時間確定得太晚，加上董事們日程繁忙，公司秘書或董事會秘書實在無法協調出一個所有董事都可以參加會議的時間，只能將個別董事排除在外。這不是一個好的做法。董事會議安排應協調全體董事時間，確保全體董事都有機會參加會議，認真履職。如果部分董事無法出席會議，董事會對決策事項的討論和表決無法體現全體董事的意見。更重要的是這會造成一種錯覺，即董事會議只要大部分董事能夠出席就可以了，令董事會成員認為他們缺席是無可避免的、缺席一兩次也是「情有可原」的，這和強調公司治理、董事認真履職是相違背的。所以董事會議時間表應儘早安排，讓董事們事先預留時間，確保他們可以出席會議。上市公司不應在安排會議時，已將個別董事排除在外，尤其外部獨立董事。

各上市公司安排董事會議的方式差異很大。一些上市公司經常臨時召集董事開會，甚至沒有給董事留出足夠的時間，去提前審閱會議材料。這些都反映了一間公司的治理理念和治理水準。

案例 21：無法提前預知董事會主席時間，會議安排只能到時再說

與上述一些公司提前一年甚至兩年鎖定會議時間的做法完全相反，有一些上市公司，由於董事會主席和/或首席執行官的時間無法

提前確定，傾向於「屆時再決定」每年的董事會開會時間。上市公司董事會主席和首席執行官非常繁忙，出差頻繁，需要處理的各項事務非常繁多，確實很難提前預知幾個月或十幾個月後的某一天，自己的工作時間表及所處的城市，所以他們或他們的助手認為無法提早明確有關董事會議安排，只能到開會前，比如業績發佈前再確定具體時間。

有時一些企業即使已經提前幾個星期或幾個月確定了董事會議時間，也經常因為董事會主席需處理其他業務抽不出身，要求董事會議為其他重要業務活動或會議讓路，臨時更改會議日期。這種情況偶爾發生一次，也許事出有因，但一些上市公司經常出現這種情況，已經安排好的董事會議臨時被取消，需要重新安排。但這時獨立董事已經做了其他日程安排，再把全體董事湊齊開會難度很大。這種情況下，這些公司的董事會議有時只能召集到部分董事參會，個別董事因已有其他安排而無法出席會議。

能否提前安排董事會議，是否需要提前安排董事會議，這反映了公司治理文化。

董事會是公司治理體系的重要組成部分。上市公司董事會對企業戰略、經營結果和業績表現負最終責任。召開董事會議是公司治理非常重要的環節，應該優先保障董事會議能夠按時、如期召開，且董事們能就公司業務、發展前景等作出充分討論。因此，提前籌畫並安排好董事會議，確保全體董事都有機會出席會議，認真參加討論，是良好的公司治理實踐。

如果董事會主席在百忙中提前預留好時間，會給其他董事會成員一個非常明確的信號：即公司高度重視董事會議，高度重視董事會成員的參與和貢獻，那麼其他董事會成員也會同樣預留時間，認真做

好準備，認真參會。這是公司治理文化的重要體現。如果董事會主席經常因為公司其他業務或出差任務，臨時取消董事會議，這可能反映出：(1) 董事會議並不那麼重要，公司經常有比這更重要的事項；(2) 公司在管理方面沒有真正的體系化，經常出現臨時事項，靠主要領導人四處應對。

所以說：G（公司治理）不是守則、規定或條文，而是公司關於治理方面所奉行的文化和理念。

上市公司至少應該不晚於每年年初就把全年需要召開的董事會議時間確定下來，公司秘書或董事會秘書至少不晚於上一年末，就開始協調董事時間，於年初提前鎖定全年上市公司固定需要召開的董事會議時間及股東大會時間，向全體董事及其助手發出會議的日期通知，在各位董事的日程表中提前鎖定時間。而董事們也需要將出席董事會議、妥善履行職責作為優先事項。既然提前確定了時間表，如無非常特殊的原因，董事會成員應確保這些時間不被其他事務佔用。

二、準備會議材料

確定了董事會議時間，另一項重要的工作是確保管理層向董事會提交高質量的議題材料，供董事會審閱。議題材料是董事會決策的重要基礎，在審閱管理層提交的材料後，

董事們提出問題，和管理層討論，發表看法並決策表決，所以高質量的會議材料是董事會高效運作的一個基本條件。

有的上市公司董事會認為，管理層提交的會議材料並不那麼令人滿意。有的會議材料篇幅過長，把管理層決策時使用過的文件原封不動地照搬給董事會，不考慮哪些細節應該刪除，只是把管理層用過的文件堆積在一起，比如詳細的技術可行性分析報告，對於某些管理層或部分管理職能，可能是必須提交的，但這些細節並不需要報給董事會，董事會不應該，也不可能重複管理層所履行的所有審核程序。管理層必須分清楚哪些因素、哪些事實和主要風險對於董事會決策而言是至關重要的，需要重點闡述，而哪些細節可以省略。有時有些會議材料又過於簡單，只報告了結論，很多重要的內容，卻沒有提及。許多上市公司普遍遇到的問題是董事會議題材料提交得太遲，在董事會開會前很晚才提交，沒有給董事們預留足夠的審閱時間，結果大部分會議時間用於重複材料內容，而不是就核心問題展開討論，導致開會效率不高。

有的上市公司對開會議題的組織缺乏邏輯性，對會議時間的安排不夠合理，需要在有限的時間裏擠進去許多議題，但前面議題的時間沒有嚴格控制，到後面的議題，時間不夠用，只能匆忙審議。區分議題重要性、合理組織會議討論的先後順序、合理分配時間都是高效開會的必要條件。

以下案例列舉了上市公司向董事會提交材料時經常發生的一些問題。

案例 22：管理層提交的董事會材料不合格

　　不少上市公司在向董事會提交會議材料，供董事審閱時，會出現一些問題，在許多方面達不到董事會的要求。

　　D 公司材料提交太遲。有時直到開會前一個晚上才向董事會提交材料，未能給董事們留出足夠的時間，提前審閱材料。D 公司經常需要臨時召集董事會對重大事項進行決策，會議是臨時安排的，會期比較匆忙，會議材料準備得比較倉促，有時管理層對會議材料進行反復修改，結果會議材料很晚才發給董事們，董事們沒有時間會前事先閱讀材料。管理層必須預留合理的時間組織董事會議，提早發出會議通知和議題材料。如果材料發出後，管理層需要對個別部分作修改，應該對修改部分作出標注，盡可能在會前告知董事們所修改的地方。如有重大變更事項，需在會上清楚地作出說明。

　　E 公司提交的材料內容有錯漏。有些時候是簡單的失誤，比如材料裏出現錯字、漏字，而有些則是更為關鍵的缺陷。比如，管理層在議題材料裏缺乏對重大事項真正的風險分析，有時沒有對風險進行分析，有時面面俱到地羅列了常見的風險因素，但沒有對真正決定成敗或者可能影響公司聲譽、對公司造成損失的重大風險進行分析，並提出可行的應對措施。

　　F 公司，為了獲得董事會對於重大事項的支持，管理層在提交董事會材料時，經常對事項的描述充滿樂觀情緒，未能客觀地對正面、負面因素都作出分析，交由董事會決策，這種材料有失偏頗，而且對

公司決策而言，本身就是一種風險。

G 公司管理層和員工可能誤以為厚厚一沓議題材料方顯得有關人員做了大量的工作，或議題顯得重要。比如，在審核重大投資項目時，在議題材料裏，把投資項目從外部各方面獲取的批復文件、證照等一一掃描，把內部各環節需要完成的審批，包括會議記錄、電郵溝通等一一附上，其實這些都是不必要的。管理層只需要向董事會確認，已經完成了所有相關的內外部審批程序，最多把所有需要完成的內外部批復列出一個表格，並確認已經完成了所有相關的批准步驟，而沒有必要花大篇幅向董事會證明「所言不虛」。如果董事會對管理層連這點基本信任都沒有，上市公司恐怕很難運作。看到這些掃描文件（其實內容往往也看不清楚），對董事會決策並不重要。董事會材料不是越厚越好。管理質量高的企業應該知道哪些內容才是投資決策必須掌握的關鍵資訊，如何客觀全面地體現項目的真實情況。

針對以上列出的董事會材料所存在的缺陷，董事會應及時給管理層提出反饋意見，並督促管理層採取改進措施。

三、評估自身表現

如何判斷董事會有沒有盡到職責？董事會的表現究竟如何？是否是一個高效、團結的集體？公司治理實踐要求上市公司董事會定期評估自身的表現及每位董事會成員的表現。

評估董事會的表現

董事會應每年回顧自己的履職情況，對董事會及其下屬各委員會的表現作出評估。通過這一評估過程，收集董事們的意見、反饋和建議，並在制定未來董事會工作計劃時，把這些意見和建議融入改善計劃，進一步提高董事會的作用和表現。

目前許多上市公司，在評估董事會表現方面做得不足夠，所謂評估只是流於簡單的形式。有些上市公司沒有採取包括聽取董事會成員反饋意見的評估程序，僅是通過公司秘書／董事會秘書撰寫一份簡單的評估報告，來滿足上市條例的要求，有些上市公司沒有制定，甚至沒有認真思考過在評估董事會表現方面應採取的步驟和應建立的程序。只有一些規模較大、治理水準較高的上市公司採用了較為正式的評估步驟，包括：由董事會主席每年與每位董事單獨談話，了解他們對董事會運作的想法和反饋意見，並請董事們填寫董事會表現評估問卷。這些公司在董事會主席領導下，由公司秘書／董事會秘書負責起草並設定評估問卷，每年發給董事會成員填寫、逐項打分，並請董事們提供書面反饋意見。問卷需根據每個公司的情況而設定，側重點有所不同。評估問卷通常需要考慮的維度包括：

· 董事會及下屬各委員會成員的組成是否恰當？董事會的人數，獨立董事所占的比例是否足夠？

· 非執行董事所擁有的技能、知識和經驗是否可以滿

足公司發展的需要？非執行董事在獨立性和多元化方面是否能夠滿足董事會高效運作的需求？

- 董事會開會的次數、所討論的議題是否恰當？
- 董事會材料的質量和及時性是否滿足要求？
- 管理層、包括公司秘書／董事會秘書是否對董事會運作提供了足夠的行政支持？
- 董事會對公司戰略和目標方面的監察和審批是否足夠？
- 董事會對公司文化的指引、監察和跟蹤是否足夠？
- 董事會在批准商業計劃和預算方面、在計劃和預算的執行方面所做的監察是否足夠？
- 董事會對公司經營業績的跟蹤與監察是否足夠？
- 董事會對保護和提升公司聲譽所做的是否足夠？
- 董事會對業務發展和經營過程中所面對的可持續發展與 ESG 風險和機遇的監察是否足夠？
- 董事會對高管繼任計劃的關注度是否足夠？對高潛質人才的關注和培養是否足夠？
- 董事會是否達到了不同利益相關方的預期？

上市公司評估董事會表現通常可以通過問卷的方式進行。每年一次發給董事會成員，請他們就問卷上列出的各項作出評估。除了評分之外，問卷應提出一些具體的、開放式的問題，請董事們提供書面反饋意見，例如，董事會在哪些方面表現較好？董事會在哪些方面表現較差，或需要改善？

有沒有任何議題，是董事會應該覆蓋而沒有涵蓋在董事會議程之中的？

公司秘書／董事會秘書負責收集董事們的回復，統計每一項的平均得分，與過往的記錄做一比較，看哪些方面較過去有所改善，哪些方面較過去有所退步，匯總董事們的書面反饋意見（無需列出每一項意見具體是哪一位董事提出的），將結果反饋給全體董事。更重要的是公司應就董事們提出的應改善事項，制定相應的改善計劃，並在下一年工作計劃中予以落實。

在評估董事會表現的過程中，董事會主席需每年一次與每位董事會成員逐一見面會談，聽取每位董事對董事會運作的意見和建議，同時就每個董事的貢獻和表現提供反饋意見。主席從董事會成員訪談中獲得的反饋意見，特別是董事們共同關注的事項或普遍反映需要改善的事項，應在董事會上向全體董事作出報告。董事會主席無需指出具體哪條意見是由哪位董事提出的。

在評估董事會表現的過程中，董事會主席需每年一次與高管團隊會面，聽取他們對董事會的表現及董事會對公司業務參與程度有哪些意見和看法。

香港上市規則規定，在沒有其他董事和管理團隊成員參與的情況下，董事會主席需每年至少一次與獨立非執行董事會面，聽取他們的意見。一些境外上市公司在公司治理方面，已經增加了兩項董事會的固定議程，（1）董事會主席在沒有首席執行官和其他管理團隊成員參與的情況下，與獨立

非執行董事會面，及 (2) 只有獨立非執行董事才能參與的討論，作為每次董事會的固定環節，排進了每次董事會的會議議程，確保董事會成員有足夠的機會可以暢所欲言，就董事會運作、公司治理、管理層表現等充分交換意見。

在附錄 2 本書列舉了一份董事會評估問卷的樣本，可用作評估董事會表現的工具之一。[1]

在評估董事會表現方面，除了請董事填寫評估問卷、安排主席與董事逐一訪談外，上市公司還可以聘用專業的外部機構。目前，市場上使用外部機構對董事會運作做出評估的上市公司不多，在亞洲更少見。一些大型西方公司除了每年使用內部設計的問卷、董事訪談等方式對董事會表現進行評估外，還定期聘請外部專業顧問機構對董事會的運作和表現進行評估，就進一步改善董事會運作和提升公司治理提供專業意見，供董事會參考。

董事會在評估自身表現方面需要專業外部機構協助嗎？如果董事會真正重視提升公司治理，認識到良好的公司治理對價值創造的重要性，在這一理念的指導下，董事會可以通過開展自我評估，不斷改善運作，不一定需要專門聘請外部專業機構對董事會的運作作出獨立第三方的評價。境外有些上市公司非常關注公司治理，希望建立一流的治理程序，願意聽取外部的專業意見，橫向對標治理水準較高的企業，他們每隔一段時間（例如五到十年一次），請外部專業

1　董事會評估問卷的具體內容，可見本書附錄 2

機構提供客觀的意見。

　　聘請獨立第三方對董事會運作進行評估，涉及的時間和精力較多，外部顧問需逐個與董事會主席及其他董事會成員面談，與首席執行官面談，與高管團隊成員（或至少部分與董事會接觸較多的高管）面談，所需時間較多，上市公司還需要支付顧問費。即使部分境外大型上市公司使用第三方對董事會表現作出獨立評估，這些公司也是相隔許多年才安排一次，不會經常使用這一渠道。

　　如果上市公司決定聘請專業機構對董事會運作作出全面評估，首先需要物色具有一定經驗和能力的專業機構。

　　外部顧問需要和董事會主席進行訪談，從主席的角度了解董事會運作；主席對董事會的領導；認為董事會應該重點關注哪些事項；董事會成員之間的互動情況；及董事會與管理層的互動情況等。

　　外部顧問需逐個與董事會成員面談，了解董事會成員對董事會運作的評價和感受，包括如何看待其他董事會成員的貢獻；如何評價主席對董事會的領導；對董事會主要職責落實情況的看法；從董事的角度認為董事會運作在哪些方面需要改善；董事會與首席執行官和高管團隊的互動情況；及董事最為關心的事項等。

　　外部顧問需要與首席執行官面談，了解從首席執行官的角度，如何評價董事會的運作和貢獻；如何與董事會主席互動；董事會在哪些方面對管理團隊提供了有力的指導和幫助，在哪些方面做得不足，需要改善；對管理層予以支持

和鼓勵，同時對管理層的建議提出建設性的質疑和挑戰，在這兩方面董事會是否做到了適當的平衡；首席執行官希望在哪些方面得到進一步的支持；及董事會對首席執行官的授權是否清晰等。

外部顧問需要與高管團隊成員面談，了解高管團隊對董事會運作和貢獻的評價和感受；高管團隊在向董事會報告，在與董事會接觸的過程中，在哪些方面得到了董事會充分的幫助和指引，在哪些方面認為董事會提供的指引不足；及董事會運作在哪些方面可以進一步改善等。

外部顧問需要與公司秘書／董事會秘書面談，從公司秘書／董事會秘書的角度了解董事會的運作情況；管理層與董事會的互動情況；董事會召開會議的情況，如頻次、議程安排、董事會成員在會上討論與決策的情況；與管理層互動情況；現場訪問；下屬專業委員會運作等多方面的資訊；及公司秘書／董事會秘書和管理團隊向董事會報告及提供資訊等方面的情況。

除了上述訪談之外，外部顧問需從多個維度對董事會及下屬各委員會的表現做出正式評估，制定評估模型，明確評估內容。

評估董事表現

除了評估董事會的整體表現外，每年還應評估每個董事的表現。比較普遍的做法是每年安排董事會主席與每個董事進行一對一的談話，了解董事對履職的感受，對董事會

整體運作的評價和看法，有哪些特別關注的事項，對董事會進一步提升公司治理有哪些建議和要求。這種談話是一個很好的雙向溝通的機會。董事會主席可以向董事反饋董事會、他（她）本人及其他成員對董事履職的評價，對董事勤奮履職表示認可，進一步激發和鼓勵董事為上市公司作出貢獻。

在與每個董事分別進行談話後，董事會主席應匯總董事們對董事會運作、公司治理等方面的意見，在下次董事會上向全體董事做一個總結和反饋。有關董事會層面的建議，由董事會主席、公司秘書／董事會秘書負責將相應的整改事項納入下一年的工作計劃。涉及到管理層需要改進的事項，董事會主席、首席執行官應將董事們反映比較集中的意見和要求告知管理層，並要求管理層制定提升計劃。

案例 23：
董事會主席與董事一對一談話，評估董事會及董事個人表現

G 是一家大型上市公司，董事來自不同國家和地區。G 公司每年安排董事會主席與每個董事進行一對一的談話，評估董事個人表現，並聽取每位董事的意見。每次談話時長不超過 60 分鐘。

通過談話，董事可以反映對董事會運作比較滿意的方面，認為董事會在哪些方面需要改進，提出他們特別關注的事項，比如，董事會應重點加強監察的領域、公司應重點關注的風險、董事在履職中的

感受、希望董事會應予以重視的問題等，談話內容和範圍沒有固定程序，董事會主席和董事可以暢所欲言，無所不談。

以下列出了部分可能經常涉及的話題，包括：

- 　對董事會成員的組成是否感到滿意？董事會是否需要在某些領域補充所需的技能和經驗，對此有沒有任何建議？
- 　董事在會上是否具有充分發表意見的機會？
- 　董事會材料發出是否及時？留給董事閱讀的時間是否足夠？
- 　董事會材料是否具有較高的質量？管理層是否向董事會提供了大量的資訊而沒有予以足夠的提煉？
- 　董事會對於公司戰略制定所提供的指引和審批是否足夠？
- 　對高管團隊履職有甚麼評價？
- 　董事會對高管繼任計劃的監察和推動是否足夠？
- 　董事是否具有充足的機會與管理層及高潛質人才接觸？
- 　董事對培訓有哪些需求和具體意見？

關於董事個人表現，如果董事會對董事表現感到滿意，除了鼓勵董事再接再厲，繼續發揮作用外，雙方無需贅述。董事會主席通過談話，向董事辛勤履職表示感謝，同時就董事繼任計劃與董事們交換意見。

總體上，董事會希望聽到董事對公司事務和管理層報告與提議的反饋意見，歡迎董事們提出質疑和挑戰，在討論中幫助公司和管理層開拓思路、規避風險。如果董事過於「安靜」、「不出聲」或有其他需要注意的事項，主席會向有關董事提出。

第九章

良好的董事會文化氛圍

一、建立集體文化

除正式董事會議之外，上市公司還應提供一些讓董事會成員可以在非正式的場景下增加互動的機會。比如董事會應當組織成員定期走出會議室，到上市公司業務的一線去了解情況。上市公司根據公司業務的具體情況，選擇有代表性的或重要性的工廠、市場等，每年安排董事前往業務的一線訪問。在訪問中，除了讓董事有機會了解安全生產、業務發展、當地市場等方面的資訊外，組織董事與一線員工見面座談。除了董事提問外，也讓一線員工有機會向董事提問，這些都是增進雙方了解的機會。董事可以從一線訪問中了解公司基層員工和前線員工的想法，感受公司的文化與氛圍，隊伍的素質與士氣。對董事會成員而言，這是一個難得的了解公司業務，感受員工隊伍士氣，了解員工想法的寶貴機會。在旅途和行程中，董事會成員之間，董事與管理層和員工之間，甚至董事和客戶之間都增加了相互了解的機會。

組織董事會成員訪問公司業務現場、餐敍、培訓等，大家的談話內容不再局限在董事會議程內容上，董事們會有更多的機會可以就更廣泛的議題交換看法和意見，增加董事

會成員對公司經營環境的了解，也讓董事會成員對彼此的經驗和洞見增加了解。董事會成員的背景有差異，有些董事可能具有很強的商業和戰略眼光，屬業務開拓型人士，而有些董事的經驗和背景可能更注重於治理和風險控制。由於背景、經驗和角度的差異，在履職過程中，董事們的關注點也會不同。有些董事希望在經營管理、業務拓展、資本運作等方面為管理層提供指引，希望幫助公司提升在行業和市場中的表現，其他一些董事可能認為董事的主要職責是控制風險、監察管理層的表現並確保管理層對經營結果負責。

董事會作為一個集體，對公司負責、對股東負責、對利益相關方負責。在履職方面，無論執行董事還是非執行董事，共同承擔法律法規對董事會規定的職責和義務，也通常會被集體問責。為高效履責，董事會應當成為一個相互尊重、緊密合作的集體，充分發揮董事會成員背景的差異性與互補性，營造健康的氛圍，使董事會成員之間相互尊重，對彼此作出的貢獻感到讚賞，這樣可以增加獨立董事對公司的責任感和歸屬感。

董事會與管理層之間的互動與互信也非常重要。董事會與高管團隊應該保持良好的互動，建立相互信任與友好合作的氛圍。雖然董事會的主要職責之一，是監察管理團隊的表現，但董事會同樣應該對管理層給予鼓勵和支持，為公司最佳利益提供一切可能和所需的支持。這包括對管理團隊付出的努力和取得的成績給予讚賞和肯定，並讓管理層知道董事會隨時可以為他們提供所需的一切支持。當公司取得

可喜的成績，管理團隊、公司秘書或董事會秘書可以通過電郵向董事會報告，在分享成績的同時，讓管理團隊和員工隊伍得到來自董事會的認可，這種鼓勵對管理團隊和員工隊伍具有正面意義。當公司遇到負面情況，管理團隊，尤其首席執行官應行使恰當的判斷，哪些事項可以留待下次董事會上報告，哪些負面事項需及時通過電郵或臨時會議向董事會彙報，令董事會掌握情況，並決定是否需要督促管理團隊，採取更為有效的管理措施以彌補短板。

二、做好與股東的溝通

上市公司每年都要舉行股東大會。董事會主席的職責之一是主持股東大會。根據法律和公司章程的規定，一些重大事項必須提交股東大會表決批准，比如批准公司經審核的財務報告、分紅派息、董事連任等。有時上市公司還需要召開特別股東大會批准一些重大事項或交易。

因上市公司每年召開的股東大會具有相對固定的議題程序，一些上市公司按照程序，把每個議題事項提交大會表決後，股東大會就結束了。有些上市公司董事會成員因日程安排等原因，任期內多次缺席股東大會。和公司治理最佳實踐相比，這些公司的做法都有改善的餘地。除了履行法定的審批程序外，股東大會是股東與上市公司溝通交流的重要渠道。大型機構投資者每年都有許多機會和執行董事、管

理層見面溝通。他們可以單獨約見管理層，也可以選擇參加管理層的業績發佈會，或者金融機構組織的投資者峯會等。而廣大持有少量股份的個人股東，很難有機會與董事會成員和管理團隊成員見面，每年的股東大會為他們提供了這一渠道。上市公司應充分利用股東大會，做好與股東的溝通，向他們介紹公司的業務，了解他們關注的事項，聽取他們的反饋意見，對股東給予的支持表示感謝。

西方許多上市公司對股東大會非常重視，認真籌備，前後需要數月時間，主要原因可能包括以下幾方面：

• 一些上市公司股權結構較為分散，沒有單一控股股東。為確保上會議題可以順利通過，董事會需要事先與主要機構投資者及投票顧問機構認真溝通，聽取他們的反饋意見。

• 股東大會上股東們紛紛發問，表達意見，有時甚至表達比較強烈的意見，上市公司需要認真準備。

• 市場對公司治理的要求比較高，比如董事會主席和首席執行官需要將公司的戰略、業務、未來發展等在會上向股東作出報告，董事應確保出席股東大會，重視與股東的溝通交流。如果董事缺席股東大會，除非有極其特殊的原因，否則是很難被接受的。

以下通過一個案例說明上市公司如何籌備股東大會。

案例 24：籌備股東大會

上市公司首先需要提前確定每年召開股東大會的日期和時間，有些公司提前一年或兩年已經將全年董事會和股東大會的時間鎖定，最遲不晚於每年年初向全體董事發出通知，要求董事預留時間，確保出席。

確定提交股東大會審批的議題，通常許多都是常規議題，比如審批財務報告、董事會報告、審計師報告、分紅派息等。有些常規議題的內容可能每次股東大會都有所變化，比如重選董事，許多上市公司規定董事任期為三年，每三年需提交股東大會批准連任。上市公司需要根據公司章程確定哪些董事在即將召開的股東大會上退任，並需提交股東大會批准連任。一些西方公司在重選董事的環節，要求參與重選連任的董事發表簡短的講話，就個人的履歷、經驗、技能及可為上市公司作出的貢獻等向股東做一介紹，並就其出任上市公司董事接受股東的提問。

上市公司需要準備董事會主席和首席執行官在股東大會上的報告，向股東和市場交代在過去的一年裏公司的業務和業績情況，公司戰略，未來發展計劃和前景展望等。主席的報告側重於宏觀形勢、公司戰略、公司治理等，而首席執行官的報告更注重業務的回顧。近些年，西方上市公司高管薪酬是一個市場非常關注的話題，也是上市公司每年股東大會備受關注的重點事項。公司如何確定高管薪酬水準，公司如何可以吸引和挽留一流的人才，同時確保高管的薪酬與其貢獻和績效掛鈎，並有足夠中長期的激勵，確保關鍵管理人士不會採取短期行為，而是注重公司的中長期發展和價值創造，這些都是機構投資

者、投票顧問機構和一些散戶股東非常關注的議題。上市公司須在年報中妥善披露公司對高管團隊,特別是關鍵管理人士的薪酬政策、實際薪酬資料等,並在每年股東大會上,接受來自股東的提問。

一些上市公司的持股結構中沒有絕對的控股股東,投票表決結果取決於投票顧問機構和機構投資者對議題的態度。董事會主席需要提前幾個月就開始和投票顧問機構和機構投資者溝通,有時根據情況首席獨立非執行董事和薪酬委員會主席等也需要參加見面會,聽取投票顧問機構和機構投資者對公司治理、高管薪酬、董事連任等方面的反饋意見,爭取股東對各項議題的支持。

公司秘書或董事會秘書及其團隊需提早安排股東大會的場地。近幾年,「股東積極行動主義」針對上市公司採取的行動越來越多,場地選擇需要兼顧多方面,比如具有足夠的座位容量、配備先進可靠的設備與設施,確保線上線下股東都可以高效參會,確保董事會主席、首席執行官等人發言時所需的各項設備,同時還必須考慮參會人員出入的便利與安全。有些上市公司會安排簡單的茶點招待出席大會的股東。

為確保同步一致地向市場披露資訊,上市公司會在股東大會開始前,將大會上董事會主席和首席執行官的發言稿公佈到交易所資訊披露平台和公司網站上,這樣未能到場的股東也能及時了解這兩位核心人物代表上市公司向市場發佈的資訊,同時確保資訊披露的合規性。

在亞洲,一些大型的上市公司,由於在當地市場知名度非常高,股東人數眾多,一些股東希望在大會上向董事會提問,不過很多亞洲上市公司的股東大會目前基本上還是以履行大會程序為主,股東很少提問,董事會成員也很少在大

會上與股東增加互動。如何利用股東大會與股東做好溝通交流？

在上述案例中，上市公司除了在股東大會上履行大會議程所列出的需要提交表決的事項外，董事會主席和首席執行官還分別發表講話，就公司的戰略、經營狀況、財務業績、安全記錄、可持續發展等多個方面，向股東作出報告。

即使是履行相對固定的議題程序，上市公司應該在提出所有交由股東大會表決的事項後，在股東表決前，留給股東一個發問和表達意見的機會。在所有需要提交審批的事項正式提出後，在股東大會結束前，上市公司應給予股東提問的機會，就他們關心的事項向董事會成員及管理團隊成員發問。所有的問題都提交給大會主席（通常是董事會主席），由大會主席決定哪一個問題該由哪位董事或管理層回答。有時公司的審計師（就公司的財務報告、會計政策、財務審計等事項）也參與答覆股東提問。

三、發揮公司秘書／董事會秘書的作用

上市公司董事會成員在履行職責方面，聯繫最多、最密切的高管人員，在香港就是公司秘書，在內地就是董事會秘書。新董事正式上任前，公司秘書／董事會秘書需要安排提名委員會和董事會議程，準備公告，安排董事培訓；每年董事履行職責，公司秘書／董事會秘書需要協調董事時間，

安排董事會議、股東大會，開會前負責向董事發出會議通知和材料，根據業務和管理層的需要，聯繫董事安排臨時會議，安排董事提供各種資訊確認函，組織董事填寫董事會評估問卷，安排董事參加各種培訓活動。董事任期內與公司秘書／董事會秘書需要保持密切聯繫。

香港上市公司配置公司秘書，內地對公司秘書這個概念比較生疏，內地上市公司配置董事會秘書。雖然兩者的角色和工作內涵並不完全相同，各地上市規則不相同、具體治理實踐和監管要求也有所差異，不過許多公司治理的原則和理念是高度一致的。在公司治理方面，公司秘書和董事會秘書的作用都非常重要，是董事會與管理層之間的重要橋樑，在合規性和提升公司治理方面均可以發揮重要作用。

公司秘書很多是具有法律背景的專業人士，也可以是具有其他專業資質的人士。香港公司秘書的基本職責側重上市公司的合規性，通常情況下公司秘書基本不從事投資者關係活動，不和分析師、機構投資者打交道。內地的董事會秘書除了負責很多合規性事務外，還承擔投資者關係職責，是分析師、機構投資者和其他股東方的主要溝通渠道。

資訊披露是上市公司合規性非常重要的一個環節，處理不當或管理出現漏洞，會給公司帶來嚴重的負面後果。公司秘書／董事會秘書的重要職責之一，是確保上市公司在資訊披露方面的合規性。上市公司應當制定有關資訊披露的制度，明確哪些重大項目、重大事項、和重要業務情況需要根據上市規則及時對市場統一做出披露。由於資訊披露可能涉

及公司業務的許多方面，公司秘書／董事會秘書需要適當培訓內部管理人員，確保公司可以識別可能觸發資訊披露要求的所有重大項目和事項。每次董事會議結束前，公司秘書／董事會秘書應當審視會議內容，和董事們確認此次會議所涵蓋的議題和內容是否涉及需要上市公司對外作出披露的事項。

在合規性方面，公司秘書／董事會秘書的職責之一，是提醒和協助董事會成員及其關聯人士合法合規地從事上市公司相關的證券買賣，提醒董事們在哪些時段、哪些情況下不得從事證券買賣，如果董事計劃從事與上市公司相關的證券買賣，應當遵守哪些內部程序，及協助董事妥善地履行必要的審批程序和申報程序。根據上市規則，中期業績和全年業績發佈前一段時間，上市公司需進入「靜默期」，這期間董事不得從事上市公司股票或與股票相關的證券買賣。

公司秘書／董事會秘書負責協調董事們的時間表，協助董事會主席安排董事會議，落實會議議程，派發會議材料，負責董事會紀要等。在組織董事會議方面，會議材料的質量和及時性是否達到了董事會的要求？如果公司有較為明顯的提升空間，公司秘書／董事會秘書需要協調管理團隊資源，根據董事會反饋的意見，促進管理團隊改善會議材料的質量、內容和及時性。

公司秘書／董事會秘書負責準備會議紀要，提交會議主席審閱，提交出席會議的董事審閱，經批准後由會議主席簽署。會議紀要的內容和及時性也體現了公司秘書／董事會秘書的經驗和專業素養。作為董事會和下屬委員會討論、決

策的重要記錄，會上哪些是重點討論內容，哪些討論內容從合規性角度具有重要性等，均需要公司秘書／董事會秘書根據情形作出專業的判斷。董事會和下屬專業委員會在開會討論中經常會有一些事項，需要管理層進一步跟進。有些事項需要定期持續向董事會和委員會報告。公司秘書／董事會秘書需要列出完整的清單，記錄所需跟進的事項，目標完成時間、責任人及管理層完成結果，確保董事會和下屬專業委員會的要求得到具體的落實。

公司秘書／董事會秘書是管理層與董事會之間一個重要的橋樑，可以協助雙方建立更為順暢的溝通渠道。當公司取得了優異成績，公司秘書／董事會秘書應該及時上報給董事會成員，讓董事能夠對管理團隊取得的成績表示讚賞和鼓勵；當公司遭遇負面情況，公司秘書／董事會秘書應協助首席執行官作出判斷，如需要的話，及時上報董事會知悉，讓董事們了解情況、了解管理層的應對措施並決定是否需要採取進一步的行動。當董事們遇到問題，比如在審閱會議材料時，遇到有些內容需要管理層澄清或提供進一步說明，董事們自然而然地會聯繫公司秘書／董事會秘書。每年董事訪問業務現場，也往往由公司秘書／董事會秘書在董事會主席的批准下，負責具體的籌畫和協調，讓董事會成員在了解業務的同時，獲得與一線團隊和員工溝通交流的機會，增進對公司和業務的了解。

在董事培訓方面，公司秘書／董事會秘書通常負責協調董事時間和培訓內容，為新任董事提供培訓，為現任董事提

供和組織持續培訓。持續培訓，有利於董事保持對監管環境、行業趨勢、新科技、新技術、風險管理等方面最新變化、最新知識的了解，助力董事更好地履行職責。經董事會主席批准，上市公司每年可自行組織，為董事會安排適當的培訓內容，培訓內容通常由公司秘書／董事會秘書負責具體落實，包括根據課題物色合適的內外部演講者。

同時，公司秘書／董事會秘書也需要將外部專業機構、監管機構和行業協會等提供的、他們認為具有相關性的培訓內容及時發送董事會成員知悉，協助董事報名登記，並負責統計每年每位董事參與培訓的時長和內容等。

每年董事會需評估自身的表現，衡量和更新董事會成員所具備的技能和經驗。有關董事會表現的自評問卷、董事技能與經驗的評估問卷，往往都是由公司秘書／董事會秘書負責起草、完善，發給董事們填寫、自評，並統計董事們的測評結果和反饋意見，並及時上報董事會知悉。對董事會要求改進的事項，公司秘書／董事會秘書需要跟進管理層落實的進度。

對於所有上市公司而言，公司治理是一個需要不斷完善、不斷學習、不斷提升的過程。一些上市公司內部缺乏對公司治理較為深刻的理解，缺乏對公司治理最佳實踐的了解，也缺乏公司治理方面的管理人才和專業資源。公司秘書／董事會秘書往往可能就是上市公司內部在公司治理方面最具有專業技能、知識和經驗的人士，應該借助良好的協調、溝通能力，在提升公司治理方面發揮重要作用。

第十章

董事任職的風險

一、董事任職風險

出任上市公司董事，在許多人看來是一件光鮮亮麗的事情，不過董事應當切記履職是有風險的。企業上市後，知名度提高了，來自社會的關注度提高了，企業的重大行為都在市場、媒體和社會的關注之下。如果上市公司違反了上市規則，觸犯了法律法規，監管機構會展開調查，根據調查結論決定相應的處罰，甚至採取法律行動。除了監管機構外，上市公司還需要面對廣大的投資者和媒體。如果投資者認為上市公司的做法違反了上市規則和法律法規，導致自己的利益受到侵犯，投資者可以在社交媒體上口誅筆伐，另一邊可以拿起法律武器，採取法律行動，保護自己的利益。

董事會對公司管理、經營和治理負有領導和監督職責，對公司的戰略規劃、業務運營和經營業績負最終責任。在上市公司出任董事，董事的個人行為及上市公司的所作所為必須符合公司法、證券法等相關法律法規，及上市公司所在地、所在行業和經營過程中所適用的所有其他法律法規，同時還必須遵守上市規則。

在亞洲國家，迄今為止，股東對上市公司及其董事會發

動集體訴訟仍屬比較罕見，包括機構投資者在內的持股者往往依賴監管機構作為「父母官」對違反上市規則或觸犯法律法規的上市公司予以處罰。董事履職風險在一些西方國家更為明顯，在這些國家，股東發起「集體訴訟」是常見的，甚至成了有利可圖的經濟行為，在一些訴訟較為頻繁的西方國家，出任董事意味着承擔法律責任，稍有不慎，是要面對後果的。這可能也是為甚麼許多西方公司董事會對公司事務所投入的時間和精力比較多的原因之一。

有些市場（如香港）的上市規則要求上市公司需為董事購買履職保險，有些市場尚未對此作出強制性要求，上市公司經股東大會批准可以為董事購買責任險。在西方國家，董事責任險已經非常普遍，而且保險金額需足夠覆蓋類似規模的上市公司可能遭遇的訴訟金額。如果一些大型上市公司為董事投保的金額較大，可能一家保險公司難以單獨承保或不願獨自承保，上市公司需要通過保險代理與多家保險公司達成承保安排。

近些年，隨着社會對公司治理的關注度不斷提升，西方社會一些人借助加強對董事和上市公司問責的趨勢牟利，向上市公司發起法律訴訟成為了有利可圖的一項事業。而選擇從事這項「事業」的往往是一些具有金融市場或法律知識的專業人士，他們通常會為此目的成立專門的公司或基金作為運作主體，通過各種渠道募集資金，明確說明資金用途是專門用於向上市公司發起法律訴訟，專門針對那些在他們看來舉止行為已經違反了上市規則和相關法律法規的上市

公司。勝訴或庭外和解後，獲得的賠償金額減去各項運營開支，向投資者分配。

那些股價突然出現大幅下跌的上市公司是他們潛在的訴訟標的。如果上市公司股票價格因為公司自身的原因，比如公司內部的醜聞、資訊披露不當、管理層行為不當等原因出現大幅下跌，這些人士馬上會行動起來，運用專業知識進行分析和判斷，上市公司可能違反了哪一條或哪幾條法律法規，如果他們發起訴訟，勝算有幾成把握。如果覺得訴訟具有「可行性」，這些專門從事集體訴訟的專業人士就提出上市公司違反了法律法規並需對此負責，賠償股東所遭受的損失。這些人會登報公開募集支持這一訴求的、因股價下跌而遭受損失的上市公司股東，並以這些股東的名義向上市公司及其董事會成員發起集體訴訟。

西方法律系統處理這些集體訴訟所需的時間很長，至少長達數年時間，而法律訴訟所涉及的步驟很多，如果對法庭判決結果不滿還可以提出上訴，法律允許原告向上市公司收集必要的資訊，而被訴的上市公司及其董事，除動用公司內部的法律部門和律師團隊外，還需要聘請專門應對訴訟的外部律師，一起負責收集資訊，準備公司這一方的證人證詞，管理層和董事也需要接受律師的問詢，以準備應訴，總之為應對訴訟所花費的時間和精力很多，而所有這些應對訴訟的工作都是管理層與董事會在正常業務之外的額外工作量。因此很多上市公司在權衡利弊後，很可能選擇與原告和解，和解所賠付的金額基本由保險公司承擔，而今後上市公

司董事責任險保費會有較大的升幅。訴訟方料定不少上市公司很可能會選擇庭外和解，同意給予起訴方一定金額的賠償，而這些賠償足以彌補起訴方（包括那些發起訴訟的人士及其顧問）的時間、精力和費用，並且還有不錯的回報，因此「追剿」「犯了錯」的上市公司便成了一門生意。有許多因素可以導致上市公司股價出現下跌，股價大幅下跌的公司不一定違反了法律法規。將追責變成一項事業、一門生意，雖然可以讓上市公司和它們的董事會對自己的責任不敢掉以輕心，但法律體系也可能因某些人追逐利益而被扭曲和過分利用。

為應對可能出現的法律訴訟，上市公司必須購買董事責任險。近些年，一些西方國家由於集體訴訟頻發，董事責任險保費呈上升趨勢。如果上市公司索賠記錄比較差，無疑會加大上市公司購買此類保險的成本，甚至很難找到願意承保的公司。如果公司治理比較嚴謹，上市公司沒有索賠記錄，保險市場會將公司歷史表現適當考慮在內，降低未來年份的保費或減少保費上升的幅度。整體而言，近些年上市公司面對的風險不斷變化，為董事會承保的費用成本逐年上升。

集體訴訟在亞洲並不普遍，不過出任上市公司董事同樣需要承擔法律責任，只是向上市公司「追剿」的往往是監管機構，而不是面對股東發起的法律訴訟。如果上市公司違反了上市規則，輕則受到書面警告，重則受到公開譴責。如果觸犯了公司法、證券與期貨等方面的法律法規，上市公司

就要面對來自監管機構的調查和法律訴訟。法律訴訟所花費的時間和精力、所涉及的心理壓力、對企業及董事聲譽所造成的重大負面影響等，對上市公司和董事而言，都是嚴峻的考驗。因此踐行良好的公司治理，確保上市公司合法合規，是董事們必須履行的責任。

案例 25：集體訴訟變成了謀財手段

在西方一些國家，一些專業人士根據當地市場法治體系的特點，將對上市公司發動集體訴訟變成了一種謀財手段。在西方發達國家中，澳洲的法律體系可能對「股東集體訴訟」最為「友善」。

澳洲於 1992 年首次在法律體系中引入「集體訴訟」的概念，並於 1999 年第一次出現股東發起的集體訴訟。該項訴訟於 2003 年最終以 9700 萬澳元和解，原告人律師以「不贏不收費」的方式提供法律服務[1]。之後每年集體訴訟的案例不斷上升。2017 年，在澳洲聯邦法院新登記的股東集體訴訟達 16 項[2]；2018 年新登記的股東集體訴訟達 18 項[3]。2019 年平均一單股東集體訴訟的應訴成本是 5000 萬至 7000 萬澳元（包括和解及律師費用）[4]。截止 2024 年 2 月 2 日，在澳洲聯邦

1　來源：Corrs Chambers Westgarth, The 30-year evolution of class actions in Australia, 發表於 2022 年 3 月 28 日

2　來源：Securities Class Actions in Asia-Pacific，發表於 2019 年，Chubb Clyde&Co

3　來源：Securities Class Actions in Asia-Pacific，發表於 2019 年，Chubb Clyde&Co

4　來源：Securities Class Actions in Asia-Pacific，發表於 2019 年，Chubb Clyde&Co

法院登記的一審集體訴訟共 150 項[1]。

　　股東集體訴訟的整個程序通常由這樣幾部分組成：上市公司股價大跌，引起了交易所和監管機構的關注，發出詢問。在上市公司回復交易所查詢的同時，一些專門以集體訴訟為業務的律師或基金開始分析面前的機會，作出可行性評估。如果認為「可行」或「有利可圖」，就會募集所需的資金或利用之前已經募集的資金，並與金主達成協議。然後這些律師或基金登報，募集因受有關負面事件影響而蒙受損失的股東，比如那些在上市公司發生負面事件或作出不恰當行為後買入股票，並在股價下跌當日手裏持有上市公司股票的股東，以股東的名義向上市公司提起集體訴訟。應訴的上市公司收到起訴通知後，組織內外部律師團隊，準備應答文件，雙方收集證據、證人、證詞，向法庭提交證據，包括證人的證詞和各種支持性文件。原告與被告上市公司需要決定是和解還是啟動庭審程序。如果選擇和解，雙方履行和解程序。如果是庭審，則根據法庭決定的日期，雙方證人出庭，經過庭審，等待判決。獲得法庭判決後，如果其中一方不服判決，可以提起上訴，再根據上訴程序，繼續走法律程序。至於是和解還是庭審，除了上市公司董事會審時度勢需要作出決定外，公司投保的保險公司態度也非常關鍵。在這個過程中，上市公司需始終保持與保險公司的溝通，向他們通報法律訴訟的進展情況，因如果敗訴，上市公司需向保險公司申請索賠。如果保險公司對上市公司的治理和做法很有信心，他們會敦促上市公司堅定地走法律程序。

　　這樣一套程序執行下來，至少也需要 10 年時間，案件才可以最

1　來源：澳洲聯邦法院網站

終水落石出。因此不難理解為甚麼許多上市公司選擇了和解的方式。和解的費用主要由上市公司投保的保險公司支付。保險公司會在續保時提高上市公司的保費。

二、股東積極行動主義

近些年，市場上越來越多地聽到「股東積極行動主義」一詞，即 Shareholder Activism，主要是越來越多的股東或非政府組織就他們關注的事項或議題向上市公司發起行動，形式多種多樣，目的是迫使董事會採取某些他們認為適當的政策或行為，或迫使董事會放棄某些他們認為不正確的政策或行為。這些人或組織真正的目的是向上市公司發起行動，至於當股東只是為了獲得出席股東大會的入門資格，以便向董事會發起挑戰。

不少「股東行動」都是圍繞氣候變化問題，認為上市公司沒有採取積極的行動，降低溫室氣體排放，董事會在公司戰略和可持續發展方面沒有發揮應有的監督和指引作用。「股東行動」形式多樣，包括：到公司總部和經營場所組織各種形式的抗議活動，干擾公司的日常運作；在股東大會上，指責董事會，表達不滿，提出抗議；在股東大會召開前，提出動議，要求上市公司增加議題，要求上市公司就削減化石燃料、實現淨零排放等提出明確的目標和執行路徑，並提交股東大會表決；有的股東行動直接在股東大會上投

票反對現任董事連任，而自己提名新的董事加入董事會，以加大對公司在應對氣候變化，加速淘汰化石燃料方面的監督。

在應對氣候變化，降低溫室氣體排放方面，能源是一個被重點關注的領域。不少西方大型的石油、天然氣公司都受到了各種團體和組織的衝擊，不少是以股東行動的方式，在股東大會上發起挑戰。

2021 年，美國一個規模不大的對沖基金 (Engine No.1，中文譯名：發動機 1 號) 向美孚石油發起行動。美孚石油董事會共 12 名董事，這個基金一口氣自己提名了 4 位董事候選人，提交股東大會表決，連同原來那 12 人，共同競爭董事席位。

投票結果，包括首席執行官在內，只有 9 名原有董事獲得重選連任，另外 3 名董事沒有能夠獲得足夠的支持，無法連任，不得不下台。取而代之的三名董事則是由該基金提名的董事候選人當選。這個基金發起行動的目的是清晰地告訴美國最大型企業的董事會，如果他們未能領導公司積極應對氣候變化、及時調整業務戰略，他們就必須下台，讓能夠領導公司作出改變的人士上任，迫使公司認識到在全球應對氣候變化的大背景下，必須積極採取行動，在把控風險的同時，尋求新的機遇。

這次發起行動的基金規模較小，但他們的提議得到了美國一批大型機構投資者的支持，所以他們的行動可以取得成功，並在美國大型上市公司的董事會裏引起許多緊張和不安。

殼牌的股東大會連續幾年都遭到股東積極行動主義者的衝擊。擁有少量股份以獲得出席股東大會資格這個小門檻難不倒這些行動人士。他們持有股份，通過門衛的資格審查，進入股東大會現場，向董事會發起挑戰。

董事會主席開始講話還不到 10 秒鐘，就有行動人士站起來大聲發言、抗議與質疑。大會安保人員剛剛驅趕走一個，另一個行動人士又站起來，繼續大聲發言、抗議與質疑。這種場景在殼牌股東大會上已經屢見不鮮。連續不斷的抗議大約持續了一小時後，兩個行動人士試圖衝擊董事會所坐的講台，被安保人員攔截。

其實殼牌提交股東大會批准的能源轉型戰略獲得了 80% 股東的批准，只有 20% 的股東表示反對。但 80% 的股東沒有在股東大會上發聲，是沉默的多數，而部分反對派則在會場上不斷製造各種引人注目的行動。

英國石油的遭遇有所不同。綠色股東行動組織在股東大會上提出有關氣候問題的專項提議，要求公司 ESG（環保、社會責任與公司治理）戰略只專注於巴黎協定中將全球升溫控制在攝氏 1.5 度以內這一個目標，但只獲得了約 17% 的股東投票支持，有高達近 84% 的股東表示反對。這個提議近幾年已經屢次提交股東大會表決，也屢次遭到英國石油董事會和大多數股東的反對。

以上只列舉了部分股東大會上發生的股東行動。至於行動人士爬上公司辦公場所的屋頂、拉橫幅抗議等形式多樣的其他各種行動，不勝枚舉。

還有一些股東行動也是專門針對控股股東和董事會，

認為董事會在最大化公司價值方面沒有盡到責任。比如，有些股東認為公司的市值遠低於公司真實的價值，原因在於公司沒有剝離、出售、重組一些與主營業務無關的資產或低效資產，公司每一個業務單元的淨資產價值總和遠高於公司目前的市值，因此一些股東通過各種渠道，包括在股東大會上提出質問，試圖逼迫董事會採取某些特定的行動。

由於不少「股東行動」都涉及激烈的語言、行動和肢體行為，通過媒體在社會上引起很大的關注，股東行動給上市公司帶來了很大的壓力。近年來越來越多的上市公司將「股東行動」列為主要風險之一，也更加周密地安排有關召開股東大會的各項工作，包括維護大會秩序和人員安全。

第十一章

總結

公司治理是董事會如何指導管理層制定戰略、設定目標並完成目標的過程。這個過程涉及企業管理的方方面面及各種利益相關方，涉及到公司如何判斷風險和管理風險，如何確保企業奉行良好的商業道德且始終合規，如何制定戰略，如何確保戰略落地，如何持續吸引優秀的人才為企業所用，如何監察管理層的表現，如何奠定、持續跟蹤企業的文化和價值觀，如何處理與各種利益相關方的關係等等。董事會在公司治理中扮演了極其重要的作用，提升公司治理首先應當致力於打造一個一流高效的董事會。

ESG 三項中，G（公司治理）是最關鍵的，公司治理決定了企業擁有甚麼樣的價值觀，制定甚麼樣的戰略，擁有甚麼樣的員工隊伍，也就相應決定了企業在環境和社會責任方面的表現，G 應該被放在首位，得到全社會的高度重視。

公司治理往往被人們想成各種上市條例、合規守則，上市公司在衡量或表述自己的治理水準和治理表現時往往都是對照上市條例的要求，列舉自己的公司符合了條例的種種要求。但其實真正重要的是這些規則背後所奉行的思想和理念。兩家上市公司即使表面上都符合了上市條例和治理守則對治理各方面的要求，兩間公司的治理水準仍然可以

有天壤之別。重要的是企業能夠理解、認同和執行這些公司治理條例和守則背後所奉行的理念，這樣才能真正做到持續改善公司治理。說到底，公司治理是企業的文化和理念，是企業真正的軟實力，要想真正做到提升公司治理肯定不是一日之功。

世界上成功的企業許許多多，失敗的企業更是不計其數。成功的企業沒有千篇一律的模式。良好的公司治理也並非只有一個模式、一種方式，就像企業發展的成功路徑肯定不是只有一個模式一條路。

有些企業具有非常強勢、能幹的創始人或企業家，他們是企業致勝最關鍵的因素。他們為企業的成功廢寢忘食、付出心血，將企業當作自己的「孩子」。當企業家取得成功，過去的經驗也可以成為羈絆，初創時期的成功可能更會令他們的強勢變得理所當然，令他們相信自己無所不能，對風險的識別和判斷出現偏差。當企業發展到一定階段，這種強勢可能變成一言堂，無法吸納優秀的人才加入，無法將企業帶入一個新的階段。

有些企業具有鮮明的家族色彩，家族成員齊心協力，共同奮鬥，取得了巨大成功。但家族企業不一定能夠從家族內部獲得所有發展和經營企業所需要的才能，需要從外部獲取優秀人才。能否吸引和挽留優秀人才，家族企業能否成功塑造屬於自己的、能夠代代相傳的企業文化，在家族企業取得巨大成功後，一代又一代的企業家還能否再接再厲，像前輩那樣奮發圖強，引領企業捕捉新的商機？

　　有許多企業將業務交給高薪聘請的職業經理人去打理，以為資金可以吸引優秀的人才為企業服務，許多企業採用了股份、期權激勵等計劃，努力將職業經理人利益與股東利益看齊，但即使如此，職業經理人的利益也未必與股東利益相一致。有些職業經理人到了一定的階段，開始固守已有的成績，不思進取。有些職業經理人並不樂見企業不斷吸引更加有為的人才加入，為企業打拼，皆因這會威脅到自己的地位。

　　每個企業所面對的問題都不是千篇一律的。公司治理沒有固定的模式，它的核心是一個企業的文化，這比任何條文、條例、規則都重要。只有認可良好公司治理所奉行的原則與理念，每間公司才能針對自己所處的階段、所面臨的風險、所面對的難題，設計自己最需要的治理程序和治理體系。否則一切治理程序都可以流於形式，發揮不了它應有的作用。公司治理就像一個人的大腦，決定了一個人的理念、視野和境界，理念指導行動。如果指揮企業的文化與理念並不認同一些公司治理的原則，上市公司的治理可能只是「口是心非」。

　　公司治理好的企業是不是在激烈的競爭中更有獲勝的把握？是的。公司治理才是決定企業基業長青的基礎。

　　具有一個世界一流的董事會的企業是不是在激烈的競爭中更有獲勝的把握？是的。公司治理是企業重要的、難以複製的競爭優勢。董事會在公司治理中發揮非常重要的作用。

如果一個企業的董事會提倡包容與多元，識別企業的需求，吸引各種優秀人才加入，為企業服務，它在建設董事會方面所奉行的指導思想也會體現在企業對管理層和員工隊伍的建設上。具有包容與多元文化的企業，會令董事會成員、管理層和員工隊伍產生歸屬感，令他們更願意為企業服務。能夠吸引並能夠挽留優秀人才的企業，當然更有機會在競爭中勝出。

多元與包容，表面上似乎更多指的是董事會與人力資源方面的政策，但其實它是一種文化和理念。多元與包容是創新所需的重要文化基礎。包容不同於己的人，進而包容不同於傳統的思維和想法，才能鼓勵突破和挑戰傳統的技術、科技與商業模式，才能包容創新帶來的風險，允許失敗，才能為創新注入它生存所必須的空氣和土壤。積極推動創新的企業當然更有機會在競爭中勝出，因為對於許多行業和企業而言，不創新可能就只有失敗一條路。

良好的公司治理強調權力的平衡與制約，董事會對管理層的表現實施獨立的監察，對公司戰略，對管理層的提議作出具有建設性的質疑和挑戰。任何董事，包括董事會主席，如果遇到了帶有利益衝突的議題必須回避。讓具有技能和經驗的獨立董事暢所欲言，專門組織獨立董事單獨開會，以防他們因人數較少、勢單力薄而沒有在董事會上獲得足夠的表達意見的機會。和「一言堂」企業相比，具有上述治理風格的企業在競爭中更有機會勝出，原因有很多，只舉一例，建設性的質疑與挑戰、權力的平衡與制約、獨立的監察

對企業風險控制更為有利。在「一言堂」企業裏，也許不是董事會成員或管理團隊成員看不到風險，而是沒有充分表達意見的機會，最終導致企業遭遇失敗。

董事會在公司治理中扮演了極其重要的作用。打造世界一流的董事會，是公司治理的重要環節。如果一個企業根據發展的需要，在董事會裏集合一批市場上具有豐富經驗和寶貴技能的人士，作為一個集體，他們勤奮履職，在重大決策方面，能夠廣泛地從不同的角度分析問題，令決策更有質量；在有需要的時候，為管理層出謀劃策，提供所需的洞見和支持；在企業取得成績的時候，對管理層付出的努力和取得的成績表示充分的認可，這樣的企業，可以更好地把控風險、決策質量會更高、組織氛圍更好，這樣的企業當然更有機會在競爭中勝出。

而與此同樣重要甚至更重要的是，企業的控股股東／控制人，他們不是憂心忡忡，擔心經驗豐富、具有真正獨立性的董事「不受控」，「難以駕馭」，並把「受控」擺在最重要的位置，而是願意打造一個一流與高效的董事會，提倡和鼓勵「建設性的挑戰和質疑」。企業受控固然有它的好處，但商業競爭如此激烈，市場不以人的意志為轉移。具有自信、直面挑戰的企業當然更有機會在競爭中勝出。

提升公司治理對中國企業具有特別重要的意義。全球高度關注企業 ESG（環境、社會責任和公司治理）表現，中國企業近些年在 ESG 方面取得了很大進步，尤其在環境和社會責任方面，許多成就居世界前列，相對而言，在公司治

理方面，中國企業還有較大的提升空間。由於西方經歷了更為漫長的公司發展史，在實踐中，通過成功與失敗，總結出一套公司治理實踐，在一些方面，引領了公司治理的趨勢。

相比之下，中國企業在改革開放後的 45 年裏飛速發展，但整體治理水準與國際先進水準仍有差距，比如上市公司財務報告的真實與準確，董事會對管理層實施獨立的監察，董事會成員多元化等方面，還有改善空間。持續提升公司治理是眾多企業共同面對的課題。

公司治理是企業的軟實力。上市公司應不斷學習和吸收最佳治理實踐，不斷提高公司治理水準。中國企業應持續關注國際公司治理的發展趨勢，思考這些治理實踐背後的理念和文化，從最佳實踐中吸收對中國企業發展具有借鑒意義的做法，讓企業釋放出更強大的生命力。

附錄 1
董事技能與經驗自評問卷（樣本節選）

　　一些市場已經強制要求上市公司披露董事會成員具備的技能與經驗。以下是一份董事技能與經驗自評問卷節選，列出了上市公司可以選取的一些具體測評維度，每個維度只列舉兩至三項，僅供讀者參考。每個公司需要根據自身情況，設計測評問卷的具體內容。

　　上市公司可以自行決定測評分類的細緻程度。 比如以下列出了一種較為細緻的劃分方法，將董事自評分為了五檔：

　　1. 有所了解：是指董事在工作經歷中具有間接的經驗，例如與相關領域打過交道或接受過培訓；

　　2. 具有經驗：是指在這個領域具有直接的實踐經驗；

　　3. 具有一定的經驗：是指在這個領域曾經有過多次的實踐經驗；

　　4. 具有豐富的經驗：是指在這個領域具有豐富的經驗；

　　5. 具有非常豐富的經驗：是指在這個領域不僅具有非常豐富的經驗，還曾作為這個領域的領導者。

　　上市公司應要求董事保留並在有需要時提供相應的支持文件，比如，工作履歷、學歷、專業機構資質、獲頒發的證書等。

　　在以下的案例中，上市公司將技能與經驗的評估劃分為四檔。根據董事自評結果，公司秘書 / 董事會秘書做出匯

總統計。對外披露時，將「有所了解」和「具有經驗」合併在一起，將「具有豐富的經驗」和「具有非常豐富的經驗」合併在一起，分別披露每個維度、每個類別的董事人數，以橫向柱狀圖在年報中展示。[1]

| | ABC 公司董事技能與經驗測評問卷 | | | |

請董事根據自身的經驗、經歷、資質和背景，勾選相應的方框。

	有所了解	具有經驗	具有豐富的經驗	具有非常豐富的經驗
領導力和公司治理				
擔任過首席執行官或具有其他高級領導職務的經歷				
具有擔任上市公司高級領導職務或出任其他上市公司董事的經歷				
具有高水準公司治理和合規實踐的經驗				

1　Worley Corporate Governance Statement 2023, Diagram 1: Board skills and experience matrix, www.worley.com/-/media/files/worley/investors/corporate-governance/reports-and-statements/2023/wor-corporate-governance-statement-2023.pdf

	有所了解	具有經驗	具有豐富的經驗	具有非常豐富的經驗
在人力資源管理和人才繼任方面，具有人力資源相關的經驗，在培養和發展人才、人才繼任方面，擔任過行政主管或履行過監督職責（比如，出任過上市公司董事會的薪酬委員會）				
轉型創新				
具有戰略眼光，能夠獨立思考，挑戰既定的思維方式				
組織結構的設計與轉型：能夠識別企業未來成功所需要的技能，驅動高效的變革行為，建立組織轉型所應遵守的原則				
企業文化				
具有公司治理和引領企業文化的經驗：建立專業的、符合良好道德規範的行為準則				
使命與價值觀：引領並管理企業的宗旨和價值觀，提倡和鼓勵良好的行為規範				

	有所了解	具有經驗	具有豐富的經驗	具有非常豐富的經驗
與外部利益相關方溝通的能力				
與外部利益相關方溝通的能力和經驗：建立相互信任的關係。外部利益相關方包括：股東、政府、客戶、供應商和金融機構等				
公共關係：具有與政府及監管機構打交道的經驗和能力				
戰略				
公司戰略：具有作為高管，制定和執行公司戰略的經驗和能力				
併購、出售資產、重組與整合：具有負責併購、資產出售和業務整合的能力和經驗				
法律與風險				
商業和法律：作為高管或董事，負責過併購、合約談判、合同審核、具有法律、商業、資本市場合規性風險管理方面的經驗和能力				
風險管理：能夠識別和分析企業及其關鍵業務所面對的風險，包括運營、財務、ESG，持續跟蹤風險管理體系和內部控制體系的有效性				

	有所了解	具有經驗	具有豐富的經驗	具有非常豐富的經驗
財務與金融				
審計：具有作為高管或董事，監察內部控制和審計計劃的經驗和能力				
金融和財務知識：具有作為高管或董事，負責財務報告、金融、會計等方面的經驗和能力				
ESG（環境、社會責任與公司治理）				
應對氣候變化和環境保護：評估和監察氣候變化和環境風險，以及公司採取的相應措施。理解客戶的需求，利用有限的資源，積極致力於建設一個低碳世界				
價值創造：通過良好的ESG管理，驅動投資決策，創造短期和長期的經濟價值				
新興技術				
數字化、人工智能、大數據分析等方面的經驗和能力				
新商業模式：為新技術和新解決方案，設計、建立和實施新的商業模式，包括成立合資公司、股權投資等				

	有所了解	具有經驗	具有豐富的經驗	具有非常豐富的經驗
國際業務經驗				
國際經驗：具有在不同國家，不同政治和監管環境及不同商業環境下工作和運營的經驗				
行業經驗				
具有從事上市公司主營業務或新興業務的實踐經驗				

附錄 2
董事會表現評估問卷（樣本節選）

上市公司每年應安排董事對董事會在主要職責方面的表現做出自我評估。根據董事自評結果，公司秘書／董事會秘書統計每一項主要職責方面的平均得分，並將評估結果向董事會報告。董事會需要特別留意得分較低的維度（事項）並制定計劃，着手改善。

除了評分之外，問卷設計應留有空間，以便董事就每項評估事項發表開放式的意見和建議。公司秘書／董事會秘書應將有關意見匯總起來，一併向董事會報告。為讓董事暢所欲言，每項意見或建議無需指明具體是由哪一位董事提出。

一些上市公司會將評分結果與上一年的自評結果作比較，以衡量董事會在哪些方面較以往年度有所進步，哪些方面需要進一步改善。

ABC 公司 2024 年度董事會表現評估問卷					
	較差（1分）	需要改善（2分）	可以接受（3分）	較好（4分）	非常出色（5分）
董事會組成及運作					
董事會成員的組成是否恰當？在技能互補性，及背景多元化方面，表現如何？					

	較差 （1分）	需要 改善 （2分）	可以 接受 （3分）	較好 （4分）	非常 出色 （5分）
董事會是否為管理層提供了指引和幫助，對管理層表現實施監察？					
董事會是否具有集體氛圍，董事是否獲得歸屬感？					
是否在董事會上獲得充分的討論發言機會，可以充分提出董事所關注的事項？					
管理層向董事會提交材料的質量如何？是否為董事會預留了適當的審閱時間？材料提交的及時性如何？					
管理層是否為董事會高效運作提供了足夠的行政支持？					
對董事會在上述方面的表現還有哪些建議？					
公司文化					
在企業文化方面，董事會是否提供了足夠的指引和監督？					
在保護和提升公司聲譽方面，董事會表現如何？					
在確保公司堅持高尚的商業道德方面，董事會表現如何？					

	較差 （1分）	需要 改善 （2分）	可以 接受 （3分）	較好 （4分）	非常 出色 （5分）
對董事會在上述方面的表現還有哪些建議？					
業務表現					
董事會是否對安全生產實施了足夠的監察與督促？					
董事會在 ESG 及可持續發展方面的表現如何？是否給予了足夠的監督，是否識別了公司在發展和運營中所面對的風險和機遇？					
董事會是否持續跟進了公司的運營表現？					
在審批商業計劃和預算方面的表現如何？是否持續監察了管理層對計劃和預算的執行情況？					
對董事會在上述方面的表現還有哪些建議？					
確保合規合法					
董事會在確保公司合規性方面的表現					
董事會對重大投資、重大項目和重大事件在資訊披露方面的監察					

	較差 （1分）	需要 改善 （2分）	可以 接受 （3分）	較好 （4分）	非常 出色 （5分）
對董事會在上述方面的表現還有哪些建議？					
制定與審批公司戰略					
董事會對公司業務的理解					
在戰略制定過程中董事會的參與及貢獻度如何？					
對董事會在上述方面的表現還有哪些建議？					
制定與審批商業計劃					
董事會對商業計劃可行性的監察是否足夠？					
審查、建設性地質疑管理層所做的重大假設的合理性					
確保商業計劃與公司戰略方向相一致					
對董事會在上述方面的表現還有哪些建議？					
審批重大投資項目					
對管理層提供的投資分析和可行性研究的審核是否足夠？					
在重大投資項目的決策中，董事會的參與及審批是否足夠？					

	較差 （1分）	需要 改善 （2分）	可以 接受 （3分）	較好 （4分）	非常 出色 （5分）
投資後評價：是否督促管理層做了投資後評價，後評價質量如何？是否客觀地總結了經驗得失？					
對董事會在上述方面的表現還有哪些建議？					
風險管理					
是否設定了企業的風險偏好，明確了企業對風險的承受度，為管理層的經營設定風險框架範圍？					
對風險管理體系的監察和評估是否足夠？					
對內控體系的監察和評估是否足夠？					
對法律合規體系的監督是否足夠，以確保公司合法合規？					
對董事會在上述方面的表現還有哪些建議？					
高管繼任計劃					
在識別高管繼任人方面，表現如何？					
在識別高潛質人才方面，表現如何？					
董事會與高管接觸的機會是否足夠？					

	較差 （1分）	需要 改善 （2分）	可以 接受 （3分）	較好 （4分）	非常 出色 （5分）
董事會與高潛質人才接觸的機會是否足夠？					
董事會在督促公司制定適當的高管繼任計劃方面表現如何？					
對董事會在上述方面的表現還有哪些建議？					

開放式的問題：

1. 您認為董事會的優勢有哪些？
2. 您認為董事會在哪些方面表現不足？
3. 是否有任何議題是董事會應該覆蓋而沒有覆蓋的？
4. 您對董事會運作還有哪些建議？

責任編輯	劉禕泓
裝幀設計	趙穎珊
排　　版	肖　霞
責任校對	趙會明
印　　務	龍寶祺

他山之石：一流董事會建設手冊

作　　者	王小彬
出　　版	商務印書館（香港）有限公司
	香港筲箕灣耀興道 3 號東滙廣場 8 樓
	http://www.commercialpress.com.hk
發　　行	香港聯合書刊物流有限公司
	香港新界荃灣德士古道 220-248 號荃灣工業中心 16 樓
印　　刷	美雅印刷製本有限公司
	九龍觀塘榮業街 6 號海濱工業大廈 4 樓 A 室
版　　次	2024 年 6 月第 1 版第 1 次印刷
	© 2024 商務印書館（香港）有限公司
	ISBN 978 962 07 6743 2
	Printed in Hong Kong